W0258102

Sigrid Unseld
Künstliche Intelligenz
und Simulation
in der Unternehmung

Informatik und Unternehmensführung

Herausgegeben von
Prof. Dr. Kurt Bauknecht, Universität Zürich
Dr. Hagen Hultzsch, Volkswagen AG Wolfsburg
Prof. Dr. Hubert Österle, Hochschule St. Gallen

Die Informatik ist die Basis unserer 'Informationsgesellschaft'.
In vielen Wirtschaftszweigen bildet sie mittlerweile eine strategische
Größe – sei es als externer Faktor, der zur strukturellen Veränderung
einer Branche beiträgt, oder sei es als aktives Instrument im
Wettbewerb. Das Management der Informatik wird somit zunehmend zur Führungsaufgabe. Deshalb wendet sich diese Reihe in
erster Linie an Führungskräfte der mittleren und oberen Leitungsebene aus Wirtschaft und Verwaltung, die im Rahmen ihrer Tätigkeit
zunehmend den Herausforderungen der Informatik begegnen
müssen. Die Beiträge sollen dem besseren Verständnis der
Informatik als wertvolle Ressource einer Organisation dienen.
Die Autoren wollen neuere Strömungen im Grenzbereich zwischen
«Informatik und Unternehmensführung» sowohl anhand praktischer
Fälle erläutern, wie auch mit Hilfe geeigneter theoretischer Modelle
kritisch analysieren. Der interdisziplinären Diskussion zwischen
Informatikern, Wirtschaftsfachleuten und Organisationsexperten,
zwischen Praktikern und Wissenschaftlern, zwischen Managern
aus Industrie, Dienstleistungsgewerbe und öffentlicher Verwaltung
soll dabei breiter Raum eingeräumt werden.

Künstliche Intelligenz und Simulation in der Unternehmung

Wissensbasierte Systeme im Dienste des Managements

Von Dr. sc.techn. Sigrid D. Unseld, Zürich

B.G.Teubner Stuttgart 1990

Dr. sc.techn. Sigrid Unseld

Geboren 1957 in Uzwil, SG. Studium der Mathematik, Philosopie und Physik in Lausannne und Zürich. Diplomabschluss in Mathematik im Frühjahr 1982. Von 1982 bis 1984 bei IBM Schweiz im Bereich Datenkommunikation tätig, zuerst als Programmiererin und Analytikerin, später als Leiterin von Informatikprojekten. Nebenamtliche Mathematiklehrerin von 1980 bis 1984 an der Höheren Technischen Lehrschule Juventus in Zürich. Von 1984 bis 1985 mit Regierungsstipendien an der City University Business School in London; Studien in Organisationspsychologie und Mitarbeit an einem Simulationsprojekt. Von 1985 bis 1987 Assistentin am Institut für Informatik der Eidgenössischen Technischen Hochschule Zürich. 1987 Abschluss der Informatik-Dissertation „Wissensbasierte Simulation einer Organisation". Von 1988 bis 1989 Assistentin am Institut für Informatik der Universität Zürich mit Forschungsschwerpunkten Simulation, Künstliche Intelligenz und Maschinelles Lernen. 1989 Lehrbeauftragte am Institut für Informatik der Universität Zürich.

CIP-Titelaufnahme der Deutschen Bibliothek

Unseld, Sigrid D.:
Künstliche Intelligenz und Simulation in der Unternehmung :
wissensbasierte Systeme im Dienste des Managements / von
Sigrid D. Unseld. – Stuttgart : Teubner, 1990
(Informatik und Unternehmensführung)
ISBN 978-3-519-02180-3   ISBN 978-3-322-99836-1 (eBook)
DOI 10.1007/978-3-322-99836-1

Das Werk einschließlich aller seiner Teile ist urheberrechtlich geschützt. Jede Verwertung außerhalb der engen Grenzen des Urheberrechtsgesetzes ist ohne Zustimmung des Verlages unzulässig und strafbar. Das gilt besonders für Vervielfältigungen, Übersetzungen, Mikroverfilmungen und die Einspeicherung und Verarbeitung in elektronischen Systemen.
© B. G. Teubner Stuttgart 1990
Softcover reprint of the hardcover 1st edition 1990
Einbandgestaltung: Peter Pfitz, Stuttgart
Gesamtherstellung: Präzis-Druck GmbH, Karlsruhe

Vorwort

Ausgehend von den Erwartungen an ein wissensbasiertes System aus heutiger Sicht, wird im vorliegenden Buch ein Modellierungskonzept für wissensbasierte Systeme theoretisch begründet und auf eine konkrete Problemstellung im Bereich Organisationspsychologie angewendet.

Eine notwendige Voraussetzung für intelligentes Verhalten ist die Interaktion mit einer Umgebung. Viele wissensbasierte Systeme in Forschung und Praxis erfüllen die an sie gestellten Erwartungen nicht, weil die Einbettung in eine Umgebung fehlt und keine Interaktionen zwischen System und Umgebung stattfinden. Unzulänglichkeiten treten insbesondere dann auf, wenn die Problemstellung über einen eng ausgegrenzten, formalisier- und messbaren Bereich hinausgeht wie beispielsweise in der Planung und bei Entscheidungsfindung.

Ein erster, theoretischer Teil erläutert - anwendungsunabhängig - die Stellung eines wissensbasierten Systems und die Bedeutung der Umgebung und zeigt die Vorteile eines hybriden Ansatzes sowohl für die Künstliche Intelligenz als auch für die Simulation. Neben dem wissensbasierten System und der Einbettung in eine Umgebung umfasst das Modellierungskonzept zudem die Interaktionen zwischen System und Umgebung. Für das Verstehen, das Erfassen und die Darstellung von interaktiven Situationen bedarf es Theorien, die das Verhalten aller am Interaktionsprozess Beteiligten beschreiben. Da hier das Interesse primär den Interaktionen und Prozessen auf kognitiver Ebene gilt (z.B. bewerten, interpretieren, entscheiden, planen, Ziele verfolgen), werden Theorien aus der Psychologie verwendet.

Dieser erste Teil des Buches richtet sich somit an einen Personenkreis, der sich für die Möglichkeiten interdisziplinärer Zusammenarbeit sowohl methodisch (Künstliche Intelligenz und Simulation) als auch thematisch (Künstliche Intelligenz und Psychologie) interessiert, ohne dabei jedoch bisher ungelöste oder neu auftauchende Probleme zu unterschätzen.

Im zweiten Teil dieses Buches wird das entworfene Modellierungskonzept auf eine konkrete Problemstellung im Bereich Organisationspsychologie angewendet. Die Problemstellung umfasst die Untersuchung von Manager- und Mitarbeiterverhalten in einer betrieblichen Organisation unter Berücksichtigung von ökonomisch-technischen Bedingungen. Ausgangspunkt ist die Hypothese, dass Manager und Mitarbeiter nicht nur aufgrund von verschiedenen, eventuell dynamisch vernetzten Situationsmerkmalen handeln, sondern sich stark von individuellen Annahmen und Bewertungen über Organisationen leiten lassen; auch das Verhalten von Mit-Akteuren fliesst in diesen Bewertungsrahmen ein. Basierend auf einer Fallstudie wird eine betriebliche Organisation als eigenständige Umgebung simuliert; die Mitglieder der Organisation werden als wissensbasierte Systeme modelliert, denen die Fähigkeit zukommt zu handeln und zu entscheiden. Der konkreten Modellierung und Implementation vorangestellt ist eine Analyse des benötigten Problemlösungswissens.

Die detaillierte Aufzeichnung der Modellierung, die formale Erfassung und die Implementation von Situationen und Abläufen mag Praktiker im Bereich der Künstlichen Intelligenz, Simulation und Modellbildung interessieren, weil hier einige der oft nur konzeptionell beschriebenen Methoden konkret eingesetzt werden und somit bezüglich Adäquanz und Validität beurteilt werden können. Ganz im Sinne der Cognitive Science steht jedoch nicht die Leistung und die Effizienz eines hybriden Systems im Vordergrund, sondern die Art und Weise wie ein Problem angegangen und mit welchen Hilfsstrukturen es gelöst wird. Praktiker im Bereich Personal, Management und Organisation finden in diesem zweiten Teil die Darstellung von betrieblichen Problemsituationen sowie deren Analyse und Auswertung mit Hilfe von Konzepten und Werkzeugen der Künstlichen Intelligenz und der Simulation.

Ich danke Prof. Dr. K. Bauknecht, Direktor des Institutes für Informatik der Universität Zürich, für seine Unterstützung. Die Arbeitsbedingungen am Institut für Informatik, die technische Ausstattung und das angenehme Arbeitsklima, haben meine Arbeit wesentlich erleichtert. Mein Dank gilt allen Freunden und Kollegen, die zum Gelingen dieses Buches beigetragen haben.

Zürich, September 1989   Sigrid Unseld

Inhaltsverzeichnis

1 Einführung

Anwendungsbezogene wie auch forschungs-orientierte Aktivitäten im Bereich der Künstlichen Intelligenz decken ein breites Spektrum von Problemstellungen und Aufgaben ab; dies zeigt sich unter anderem in der stets wachsenden Zahl von Forschungsprojekten und bereits verfügbaren kommerziellen Produkten und in der Fülle von Literatur zu den verschiedenen Teildisziplinen der Künstlichen Intelligenz. Kommerziell erfolgreich sind bis heute vor allem Produkte aus den folgenden drei Gebieten: Expertensysteme (synonym wird dazu der Begriff wissensbasierte Systeme verwendet), Systeme zur Verarbeitung von natürlicher Sprache und Roboter [Trappl 86], [Wildberger 88].

Das vorliegende Buch befasst sich mit Expertensystemen. Ein Expertensystem konstituiert sich aus einem oder mehreren speziellen Programmen für Probleme, deren Lösung Sachkenntnisse erfordert. Die Leistungsfähigkeit eines Expertensystems hängt entscheidend vom Gebrauch der von Fachleuten im Problembereich benutzten Fakten und Heuristiken ab; deshalb spricht man auch von wissensbasierten Systemen. Obwohl die Leistungsfähigkeit eines wissensbasierten Systems durchaus an realen Ansprüchen gemessen wird, sind die Bedingungen, unter denen das System "läuft", meist realitätsfremd. Am gravierendsten äussert sich der Mangel an Interaktion mit einer Umgebung.

Im ersten Teil dieses Buches wird deshalb ein Konzept zur Modellierung vorgestellt, das neben dem wissensbasierten System auch dessen Umgebung und die Interaktion mit dieser Umgebung umfasst. Im zweiten Teil wird dieses Konzept auf eine Problemstellung im Bereich Organisationspsychologie angewendet.

1.1 Probleme mit wissensbasierten Systemen

Warum leisten wissensbasierte Systeme heute nicht das, was die Pioniere der Künstlichen Intelligenz vor gut dreissig Jahren vorausgesagt und versprochen haben? Sieht man einmal davon ab, dass damals - und bis heute immer wieder - euphorisch unrealistische Erwartungen erzeugt wurden und sucht man nach Gründen für das Nicht-

Erreichen von gesetzten Zielen, dann fällt auf, dass wissensbasierte Systeme meist ein gemeinsames Merkmal haben: Es fehlen ihnen Interaktionen mit einer Umgebung.

1.1.1 Funktionen einer Umgebung

Intelligente Systeme (ein gültiges Beispiel für diese Kategorie ist sicher der Mensch) sind immer eingebettet in eine (physische und soziale) Umgebung. Diese Umgebung übernimmt verschiedene Funktionen:

- Die Umgebung dient als Orientierung. Je nach Problemstellung werden bestimmte Umgebungsmerkmale vom eingebetteten System interpretiert (unter der Voraussetzung, dass Interaktionen zwischen dem System und der Umgebung möglich sind). Das System kann seine Umgebung beobachten oder erforschen und damit sein Wissen quantitativ und qualitativ erweitern.
  Zudem erlaubt die Umgebung dem System zu lernen. Aufgrund von Feedback-Meldungen aus der Umgebung kann das System sein Verhalten steuern, korrigieren und optimieren. Inkrementell wird dadurch das Wissen für bestimmte Problemlösungen und das Wissen über die Umgebung selbst erweitert.
- Die Umgebung stellt Information zur Verfügung. Ein Grossteil der Information, die das System zum Lösen von Problemen oder allgemein zum Funktionieren benötigt, muss nicht ins Gedächtnis aufgenommen werden, da diese Information jederzeit von der Umgebung erfragt, beziehungsweise aus der Umgebung abgelesen werden kann. Ein Teil der Aufgaben, die sonst vom System geleistet werden müssen (Aufnahme, Verwaltung von Wissen) können somit an die Umgebung delegiert werden.

Beispiel: Ich muss mir nicht merken, wo auf dem Tisch meine Kaffeetasse steht, da ich mich jederzeit mit Hilfe der Augen informieren kann.

Die Existenz einer Umgebung und die Interaktion mit dieser stellt somit eine notwendige Voraussetzung für die Entwicklung von Intelligenz dar. Fehlt die Umgebung, dann fehlt dem System die Möglichkeit:

- Information selber zu erwerben,
- sich an Merkmalen der Umgebung zu orientieren
- Feedback zur Optimierung oder zur Korrektur von Verhalten zu bekommen,
- zu lernen.

1.1.2 Ein Beispiel aus der Planung

Der Mangel an Interaktion mit einer Umgebung und die Auswirkung auf die Funktionstüchtigkeit eines wissensbasierten Systems lässt sich beispielsweise im Bereich der Planung verdeutlichen. In einem traditionellen Planungssystem werden zur Durchführung einer geplanten Aktion die Post-Konditionen der Aktion mit dem gesetzten Planziel verglichen.

Beispiel: Ich möchte mit der Strassenbahn vom Arbeitsplatz zum Bahnhof fahren. Die Aktion Strassenbahnfahrt Arbeitsplatz-Bahnhof, Dauer 25 Minuten, wird ausgeführt, d.h. zur aktuellen Zeit werden 25 Minuten addiert, meine neue geographische Position ist der Bahnhof.

Dieses Vorgehen ist in der Realität unbefriedigend, denn es bleibt kein Platz für Unvorhergesehenes:

Beispiel: Wegen einer Blockierung der Schienen kommt es zu einer Verspätung von 10 Minuten. Gemäss traditionellem Planungssystem bin ich nach 25 Minuten am Bahnhof, womöglich bereits bei der nächsten Aktion, obwohl ich in Realität zu dieser Zeit immer noch in der Strassenbahn sitze.

Planung ist nur dann sinnvoll, wenn ein Plan (ein planendes System) beständig an einer sich verändernden Umgebung gemessen werden kann. Das realitätsgerechte Testen von Planungssystemen setzt die Existenz einer Umgebung voraus. Dazu Carbonell und Gill: "Autonomous systems require the ability to plan effective courses of action under potentially uncertain or unpredictable contingencies. Effective planning requires knowledge of the environment, and if the environment is too complex or changes dynamically, goal-driven learning with reactive feedback becomes a necessity." [Carbonell & Gill 78].

1.1.3 Wissensbasierte Systeme und ihre Umgebung

Wird anderseits die Umgebung bei der Erstellung eines wissensbasierten Systems miteinbezogen, dann steigen damit auch die Anforderungen an das Konzept und die Modellierung des Systems. Neue oder erweiterte Problemstellungen, die bei einer Integration von System und Umgebung gelöst werden müssen, umfassen:

* Zeitbeschränkung oder allgemein Umgang mit der Zeit:
  Bei wissensbasierten Systemen findet das Problemlösen oft in einem zeitlichen Vakuum statt, d.h. die Zeit "steht still", bis ein Problem gelöst, ein Plan entworfen, eine Entscheidung gefällt, eine Aktion ausgewählt, eine Situation analysiert oder eine Diagnose gestellt worden ist. Wie verschieden präsentiert sich die Realität! Für das Finden von Lösungen und das Treffen von Entscheidungen steht erstens nur eine bestimmte Zeitspanne zur Verfügung, und zweitens können Ereignisse eintreffen, die uns zwingen, unseren Problemlösungsprozess zu unterbrechen. Um in realen Situationen einsatzfähig zu sein, müssen wissensbasierte Systeme mit der Zeitrechnung ihrer Umgebung fertig werden können.
* unvollständige oder mehrdeutige Information:
  Die meisten einsatzfähigen wissensbasierten Systeme brauchen zum Lösen von Problemen die gesamte Information des Problemfeldes. Mit anderen Worten, die gesamte "Welt" muss dem System bekannt sein; ein bekanntes Beispiel ist die Blocks World von Winograd (beschrieben in [Rich 83]). In der Realität sind jedoch immer nur Ausschnitte der Welt bekannt und verfügbar. Ein wissens-

basiertes System muss also auch dann problemlösungsfähig sein, wenn das ihm verfügbare Wissen unvollständig, mehrdeutig oder teilweise falsch ist.

- unvorhergesehene Ereignisse und unkontrollierbare Veränderungen:
Die Umgebung eines Systems in der Realität ist nur partiell kontrollier- und beeinflussbar, zeitliche Abläufe können nicht gestoppt werden und Ereignisse sind nicht verlässlich voraussagbar. Ein hoher Grad an Flexibilität und die Fähigkeit zur Adaption an neue Begebenheiten ist eine Voraussetzung für das Funktionieren eines Systems in einer komplexen, dynamischen Umgebung resp. in einem sich verändernden Problembereich.

1.1.4 Interaktionen

Beim Übergang von einem isolierten zu einem eingebetteten Zustand muss - neben den oben genannten Modellierungsanforderungen - eine weitere Bedingung erfüllt sein:

> Für das Verstehen, das Erfassen und das Darstellen von interaktiven Situationen bedarf es notwendigerweise Theorien zur Beschreibung des Verhaltens aller am Interaktionsprozess Beteiligten.

Theorien zur Beschreibung der Interaktionen müssen entweder - basierend auf der Analyse der Problemstellung - neu entwickelt oder von wissenschaftlichen Disziplinen übernommen werden, die sich bereits intensiv mit der entsprechenden Problematik auseinandergesetzt haben.

> Beispiel: Für die Bewegung von Roboterarmen werden Theorien aus der Mechanik verwendet, das Verständnis von internationalen Konflikten stützt sich auf politische und soziologische Theorien, Tierexperimente basieren auf biologischen und zoologischen Theorien, einschliesslich Verhaltenstheorien.

Eine letzte Bemerkung gilt dem Wissen, welches das eingebettete System selbst von der Umgebung besitzt. Je flexibler dieses Wissen systemintern repräsentiert ist, umso effizienter und besser (im Sinne von "besser an die Bedingungen angepasst") wird sich das System verhalten. Sind die einmal erkannten Beziehungsmuster zwischen Ereignissen und/oder Objekten fest "verdrahtet", dann erweisen sich spätere Korrekturen oder Erweiterungen als aufwendig. Wird das Wissen hingegen in Form von Beziehungsmodellen (z.B. kausalen Modellen) dargestellt, lässt es sich je nach gewünschter Funktionalität verschieden kombinieren. Diese internen Repräsentationsmodelle lassen sich anhand aktueller Umgebungsprozesse kontinuierlich verfeinern; sie erlauben dem System auch in neuen oder widersprüchlichen Situationen aktionsfähig zu bleiben oder garantieren "Graceful Degradation", d.h. im Gegensatz zu einem Systemabsturz eine verminderte Funktionstüchtigkeit.

Die verschiedenen Aspekte von Wissen im Zusammenhang mit wissensbasierten Systemen verdeutlichen die entscheidende Rolle der Wissensrepräsentation. Auf die allgemeine Darstellungsproblematik, die konzeptionell verschiedenen Wissensrepräsentationsformen sowie auf die Werkzeuge für die Implementation von Wissen auf dem Computer wird im vorliegenden Buch detailliert eingegangen.

1.2   Zielsetzungen

Angesichts der im letzten Abschnitt geschilderten Problematik im Zusammenhang mit isolierten wissensbasierten Systemen wird ein Konzept zur Modellierung entworfen, das neben dem System auch dessen Umgebung und die Interaktion mit dieser Umgebung umfasst. In einem zweiten Schritt wird dieses Konzept auf eine konkrete Aufgabenstellung im Bereich Organisationspsychologie angewendet.

Das Modellierungskonzept stützt sich auf:

- das (traditionelle) wissensbasierte System. Im folgenden wird dafür der Begriff "intelligenter Agent" oder kurz "Agent" verwendet; er bezeichnet ein lauffähiges Computermodell, das bestimmte "intelligente" Aktivitäten ausführt. Es können auch mehrere solche Modelle gleichzeitig betrachtet werden; bei der konkreten Problemstellung im zweiten Teil dieses Buches wird beispielsweise eine ganze Gruppe von Agenten modelliert.
- das Umgebungsmodell. Der Agent wird mit einer (simulierten) Umgebung konfrontiert, die - analog zur Realität - ihre eigenen Gesetzmässigkeiten aufweist (z.B. eigene Zeit). Das Umgebungsmodell ist mit dem wissensbasierten System nicht identisch, jedoch bilden beide Komponenten zusammen ein hybrides System.
- die Theorien zur Beschreibung der Interaktionen zwischen Agent und Umgebung. Diese Interaktionen sind eine Funktion der Eigenschaften des Agenten und seiner Handlungen sowie der am Interaktionsort und zur Interaktionszeit relevanten Eigenschaften der Umgebung. Zu den Interaktionen zählen auf der einen Seite unter anderem die Handlungen des Agenten an Objekten der Umgebung und auf der anderen Seite die Ereignisse in der Umgebung mit Wirkung auf den Agenten.

Diese drei Aspekte des Modellierungskonzeptes sind dargestellt in Figur 1.1. Agent, Umgebung und Theorien zur Beschreibung von Interaktionen konstituieren die theoretische Basis eines erweiterten wissensbasierten Systems, das im folgenden als Agenten-Umgebungs-Modell bezeichnet wird.

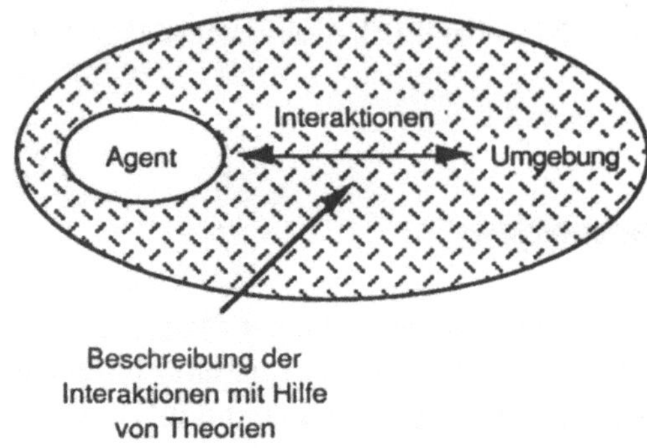

Figur 1.1: Die drei Aspekte des Modellierungskonzeptes

Ausgehend von diesem Modellierungskonzept lassen sich verschiedene Teilaufgaben ableiten und Teilziele formulieren.

- Modellierung von Agent und Umgebung und Methodendiskussion: Die Anforderungen an die Modellierung - diese werden später aufgezeigt - legen eine Verbindung von Methoden aus dem Bereich der Künstlichen Intelligenz und der Simulation nahe. Der Synergie-Effekt dieser Verbindung, der Austausch von Erkenntnissen und Ansätzen, lässt sich aus der Perspektive beider Bereiche diskutieren.

- Beschreibung der Interaktionen, Auswahl von Theorien: Von besonderem Interesse ist das Studium der Interaktionen zwischen Agent und Umgebung. Die Auswahl und die Bedeutung von Theorien zur Erfassung und Beschreibung der Interaktionen zwischen Agent und Umgebung ist abhängig von der Ebene auf der die Interaktionen beobachtet und untersucht werden sollen.

- Wissensrepräsentation auf verschiedenen Ebenen: Zu jedem Zeitpunkt gibt es eine Diskrepanz zwischen den Zuständen der modellierten Umgebung und den vom Agenten "modellierten" Zuständen (sein internes Repräsentationsmodell), weil der Agent nur partielles Wissen und partielle Kontrolle über seine Umgebung hat. Das Problem der Wissensrepräsentation stellt sich somit auf zwei Ebenen, erstens auf der Ebene von Agent und Umgebung und zweitens auf der Reflexionsebene des Agenten; der Begriff "reflexive Modellierung" bezieht sich auf diese zweite Ebene.

- Anwendung des Konzeptes: Die Validität des Modellierungskonzeptes wird am Beispiel eines komplexen sozialen Systems getestet. Die konkrete Problemstellung stammt aus dem Bereich der Organisationspsychologie. Eine soziale Umgebung (eine betriebliche Organisation) wird simuliert. Für die realitätsgerechte Beschreibung der Interaktion zwischen Agent (Organisationsmitgliedern) und Umgebung werden psychologische Theorien herangezogen (Verhalten der Agenten, Entscheidungstheorien, Prozesse in der Organisation). Umgekehrt lassen sich durch die Konstruktion von kognitiven Modellen und durch die Modellierung von Interaktionen psychologische Hypothesen auch testen und eventuell erklären.

1.3 Potentielle Anwendungsbereiche

Ausgehend von der Zielsetzung, die dem in diesem Buch diskutierten Modellierungskonzept zugrundeliegt, lassen sich potentielle Anwendungsbereiche für dieses Konzept
grob bestimmen. Die Zielsetzung lautet, "intelligente Agenten" in eine simulierte
Umgebung einzubetten und ihre kognitiven Interaktionen zu modellieren. Jede geeignete
Anwendung muss notwendigerweise auf einer Problemstellung beruhen, welche diese
drei Komponenten, nämlich Agent, Umgebung und Interaktionen, umfasst. Die
folgenden Punkte charakterisieren den potentiellen Anwendungsbereich:

- Da ein "intelligenter Agent" definitionsgemäss ein lauffähiges Computerprogramm
  ist, das bestimmte "intelligente" Aktivitäten ausführt, umfasst der Problembereich
  (mehr oder weniger) komplex strukturierte Objekte, denen die Fähigkeit zukommt,
  Aktionen auszuführen und Entscheide zu treffen. Das Verhalten dieser komplexen
  Objekte kann selbsterzeugt oder fremdbestimmt sein.

- Die Umgebung selbst darf - damit sie Orientierungshilfe leistet und zur
  Erforschung dient - vom Agenten weder vollständig kontrollierbar noch
  bestimmbar sein, d.h. es können asynchrone Ereignisse auftreten. Ereignisse
  heissen asynchron, wenn sie spontan geschehen, ihr Eintreffen also nicht
  vorausbestimmbar ist. Viele in der Realität kontinuierlich auftretende Phänomene
  sind typischerweise asynchron (z.B. der Einzug des letzten Blattes beim
  Photokopierer, ein Telephonanruf).

- Zwischen Agent und Umgebung als auch zwischen den Agenten - falls mehr als
  ein Agent modelliert wird - finden unzählige Interaktionen statt. Die Anzahl
  verschiedener Interaktionen ist von der Korngrösse der Modellierung abhängig.
  Bereits beim Konzept der Wissensrepräsentation muss somit willkürlich
  entschieden werden, wie weit die "Atomisierung", die Unterteilung in einzelne
  Interaktionen, gehen soll.

Potentielle Anwendungen des Modellierungskonzeptes liegen im Bereich Organisationspsychologie. Eine betriebliche Organisation stellt für die Organisationsmitglieder (die
Agenten) eine Umgebung dar, die von jedem einzelnen nur partiell überblickbar und
auch nur partiell kontrollierbar ist. Zu den Interaktionen zwischen den Organisationsmitgliedern und der Organisation gehören einerseits beispielsweise betriebliche Normen
und Regeln, Termine und technische Probleme, mit denen der Agent konfrontiert wird
und anderseits das Lösen von Problemen, die Entwicklung neuer Konzepte, das
Verfolgen von Zielen und weitere Aktivitäten, die betriebliche Veränderungen bewirken.
Vielfältig sind auch die Interaktionen zwischen den Organisationsmitgliedern,

beispielsweise der Informationsaustausch, die Zusammenarbeit, die gegenseitige Kontrolle, etc. Im folgenden wird kurz die Aufgabenstellung beschrieben, die im zweiten Teil dieses Buches für die Realisierung des Modellierungskonzeptes verwendet wird.

1.4   Organisationspsychologische Aufgabenstellung

Sogenannte Subjektive Organisationstheorien (SOT) von Managern sind Annahmen und Wertungen, welche Manager (betriebliche Führungskräfte) über das Wesen und Funktionieren von Organisationen treffen. Diese Definition von SOT ist abgeleitet aus der Beobachtung, dass Manager nicht nur aufgrund ihnen vorliegender Daten und (in der Regel zumindest teilweise fremdbestimmter) Ziele handeln. Manager handeln oft aufgrund von Handlungsraumkonzepten, in die die Daten und Ziele nicht unvermittelt, sondern "gebrochen" an dem eingehen, was sich "im Kopfe des Managers" bereits befindet [Frei 85], [Frei 87].

Subjektive Organisationstheorien von Managern entstehen und manifestieren sich typischerweise im Arbeitsprozess, also beispielsweise innerhalb einer (betrieblichen) Organisation. Somit ist es naheliegend, die Analyse von SOT nicht isoliert durchzuführen, sondern in eine entsprechende soziale Umgebung einzubetten.

1.4.1 Das Mitarbeiter-Organisations-Modell

Die Aufgabe von MOMo (das Akronym steht für Mitarbeiter-Organisations-Modell und wurde abgeleitet vom generellen Begriff Agenten-Umgebungs-Modell) ist die Simulation einer betrieblichen Organisation resp. das Erforschen von sich gegenseitig beeinflussendem Management- und Mitarbeiterverhalten über bestimmte Zeiträume und unter Berücksichtigung von ökonomischen und betrieblichen Bedingungen.

Das Mitarbeiter-Organisations-Modell umfasst eine quantitative, sogenannt ökonomisch-technische Komponente (messbare Grössen aus Unternehmung und Betrieb) und eine mehrheitlich qualitative, sogenannt psycho-soziale Komponente (die Agenten, d.h. sämtliche Organisationsmitglieder und deren Verhalten). Vor dem Hintergrund ereignisorientierter Simulation nehmen die Agenten ihre Umgebung über das Konstrukt eines kognitiven Wahrnehmungsfilters auf. Die Handlungen der Agenten beeinflussen ihrerseits die Umgebung.

1.4.2 Das Verhalten von Organisationsmitgliedern

Wahrnehmung lässt sich allgemein als ein Verhalten beschreiben, dessen Ziel die Konstruktion einer sinnvollen Umgebung ist, in der sich das entsprechende Verhalten manifestieren kann. Diese (konstruierte) Umgebung muss einerseits mit der realen Umgebung und anderseits mit den Zielen und der Persönlichkeit des Wahrnehmenden kongruent sein. Der kognitive Wahrnehmungsfilter der Agenten in MOMo umfasst sogenannte Prototypische Organisationsbilder (POB), das sind Bewertungs- und Verhaltensschemata, welche die oben beschriebene "Verhaltens-Umgebung" des Agenten repräsentieren. Auf der Basis von Eigenschaftsmerkmalen des Agenten (einschliesslich seiner Erfahrungen) verarbeiten resp. bewerten die POB den jeweils aktuellen Zustand der Umgebung und bestimmen die Handlungen und das Verhalten der Agenten. Damit wird erreicht, dass das Verhalten von Agenten auf deren eigener Darstellung von Umgebung (auf der mit den POB konstruierten organisatorischen Umgebung) beruhen. Eine solche, sogenannt "reflexive Modellierung" erlaubt einerseits die situationsabhängige und somit kontextbezogene - Verarbeitung von Ereignissen, die im Laufe der Simulation eintreffen (das können die Aktionen anderer Agenten sein oder Veränderungen in der Umgebung). Sie erlaubt zudem auch die "Verarbeitung" von Ereignissen, die gar nicht stattgefunden haben, jedoch von den Agenten im Modell (aufgrund ihrer Bewertungs- und Verhaltensschemata) erwartet worden sind. Die psychologische Validität des gesamten Systems wird durch diesen reflexiven Ansatz erhöht.

1.5   Gliederung der Kapitel

Der erste Teil dieses Buches liefert nach der Einführung in die generelle Thematik im ersten Kapitel sowie in den Kapiteln 2 und 3 die theoretische Begründung für ein Modellierungskonzept für wissensbasierte Systeme.

Kapitel 1   Die Entwicklung eines Modellierungskonzeptes wird motiviert, das neben dem wissensbasierten System auch dessen Umgebung und die Interaktionen mit der Umgebung einschliesst. Die Zielsetzung umfasst die konzeptionelle und praktische Erstellung eines Agenten-Umgebungs-Modells und die Anwendung des Modells auf eine organisationspsychologische Problemstellung. Diese Problemstellung wird kurz beschrieben, zuvor werden die potentiellen Anwendungsgebiete grob charakterisiert.

Kapitel 2   Unterschiedliche Zielsetzungen stellen verschiedene Aspekte der Künstlichen Intelligenz in den Vordergrund. Der "competence approach" und der "structural approach" als die zwei wichtigsten Vertreter der verschiedenen Forschungsrichtungen werden einander gegenübergestellt, um die Beziehung zwischen Künstlicher Intelligenz und Cognitive Science zu verdeutlichen. Begründet wird die Einbettung von wissensbasierten Systemen in eine Umgebung, wobei auf die Vor- und Nachteile simulierter resp. realer Umgebungen hingewiesen wird. Die Synergie zwischen den Techniken der Künstlichen Intelligenz und den Methoden der Simulation wird aus der Perspektive beider Disziplinen beurteilt. Das Interesse an kognitiven Prozessen zwischen Agent und Umgebung begründet die Wahl von psychologischen Theorien zur Beschreibung der Interaktionen.

Kapitel 3 Agenten, die, eingebettet in eine ihren eigenen Gesetzmässigkeiten gehorchenden Umgebung, mit dieser interagieren, konstituieren das Problemfeld, das es mit geeigneten Wissensrepräsentationsformen abzubilden gilt. Die objekt-orientierte Darstellungsform wird diskutiert; sie entspricht der menschlichen Art einen Problembereich zu erfassen und besitzt zudem Parallelen zur ereignis-orientierten Simulation. Das vorgestellte Wissensrepräsentationssystem umfasst verschiedene semantische Primitiva, mit Hilfe derer sich die vielfältigen Beziehungen zwischen den Objekten in einem Agenten-Umgebungs-Modell explizit darstellen lassen. Einige relevante Techniken der Künstlichen Intelligenz zur Darstellung und zur Verarbeitung von Wissen werden beschrieben. Das Software-Paket KEE (Knowledge Engineering Environment) ist ein moderner Werkzeugbaukasten für die Erstellung von wissensbasierten Systemen; zusammen mit SimKit, einem auf KEE aufbauenden, ereignis-orientierten Simulations-Entwicklungsprogramm, lässt sich ein hybrides Agenten-Umgebungs-Modell auf dem Computer implementieren.

Im zweiten - mehr praktisch orientierten - Teil dieses Buches wird aus dem Bereich der Organisationspsychologie eine Problemstellung herausgegriffen. Ihre Bearbeitung beginnt mit der Erläuterung der Ausgangslage (Kapitel 4) und geht über die formale Beschreibung (Kapitel 5) und Implementation (Kapitel 6) bis zur Phase der Simulation und der Evaluation (Kapitel 7).

Kapitel 4 Ausgehend von der Hypothese, dass Manager aufgrund von Subjektiven Organisationstheorien (SOT) handeln (das sind Annahmen und Wertungen über Organisationsabläufe und -zusammenhänge), stellt sich die Aufgabe, die Auswirkungen solcher SOT am Schauplatz ihrer Manifestation, d.h. in einer simulierten Organisation, zu untersuchen. Ein Modell wird konzipiert, das neben den ökonomisch-technischen Aspekten einer Organisation die Organisationsmitglieder als "intelligente" Agenten umfasst. Die Interaktionen zwischen den Agenten untereinander und zwischen Agenten und Umgebung werden über einen Wahrnehmungs- und Interpretationsfilter geleitet. Dieser Filter bestimmt auf der Basis von situationsspezifischen (Umgebungs-) Merkmalen und charakteristischen Eigenschaften von Agenten, einschliesslich Bedürfnissen, Zielen und Wertvorstellungen, das Verhalten der Agenten im Organisationsalltag. Abschliessend wird die Fallstudie beschrieben, die das konkrete Datenmaterial für das Mitarbeiter-Organisations-Modell liefert.

Kapitel 5 Das Wissen, das für die Modellierung des Mitarbeiter-Organisations-Modells benötigt wird, lässt sich kategorisieren gemäss der Rolle, die es im Problemlösungsprozess einnimmt. Vier Kategorien, nämlich strategisches

Wissen, Aufgaben-Wissen, Inferenz-Wissen und bereichsspezifisches Wissen werden gebildet und analysiert. Jede dieser Kategorien verweist zugleich auf ihre spezifische Anwendungsebene und auf die dort benötigten Wissensprimitiva. Dank der epistemologischen Analyse erhöht sich die Transparenz des Modellierungsprozesses.

Kapitel 6   Mit dem Datenmaterial einer Fallstudie, die über eine Zeitspanne von mehreren Monaten die Ereignisse in einem Montagewerk beschreibt, wird das leere Gebilde des Mitarbeiter-Organisations-Modells "belebt". Die ökonomisch-technischen Grössen und ebenso sämtliche Agenten werden als Objekte in die Wissensbasen der beiden Modellteile Organisation und Mitarbeiter gestellt. Die einheitliche Darstellungsform erleichtert die Modellierung und die Verarbeitung im Modell. Beziehungen zwischen den Objekten werden mit Hilfe der bereits früher beschriebenen Wissensprimitiva hergestellt. Verschiedene dynamische Prozesse, die sich stark an der Fallstudie orientieren, werden beschrieben.

Kapitel 7   Exemplarisch werden bestimmte Situationen aus dem Organisationsalltag durchgespielt, die Simulationsläufe dokumentiert und ausgewertet. Anstatt den Manager im Modell zu simulieren, werden die Handlungen des Managers von einem modellexternen Untersuchungspartner - via ein Modellobjekt - direkt eingegeben. Die simulierten Szenarien erheben - nebst ihrer Approximationsfunktion an die Fallstudie - den Anspruch, einige typische Organisationssituationen zu repräsentieren, also Sequenzen zu enthalten, die sich in einer beliebigen Organisation abspielen könnten. Damit wird auch deutlich, dass sich mit dem Mitarbeiter-Organisations-Modell auch andere Organisationsstrukturen simulieren lassen.

Kapitel 8   Zusammenfassend werden die wesentlichen Merkmale des Modellierungskonzeptes und des Mitarbeiter-Organisations-Modells kurz nochmals hervorgehoben. Benachbarte und verwandte Forschungsgebiete werden erwähnt und mögliche Erweiterungen diskutiert.

2 Einbettung von wissensbasierten Systemen

Die menschliche Intelligenz orientiert sich bereits im frühsten Anfangsstadium an einer strukturierten, physischen und sozialen Welt und organisiert sich im Austausch mit dieser Welt. Eine Wissenschaft, deren Ziel die Simulation "intelligenten" Verhaltens auf Rechenanlagen ist - maschinelle Nachbildung menschlicher Leistung als eine gängige Definition von Künstlicher Intelligenz - muss diese Einbettung gewährleisten.

Verschiedene Forschungsrichtungen und Zielsetzungen definieren den Bereich der Künstlichen Intelligenz. In diesem Kapitel interessiert vor allem die Beziehung zwischen KI und Simulation. Die Simulation besitzt für die Entwicklung und die Benutzung von wissensbasierten Systemen mehrfache Bedeutung: Erstens arbeitet man sowohl in der KI wie auch in der Simulation mit (Wissens-) Modellen; ähnliche Probleme stellen sich deshalb bei der Modellierung und bei der Darstellung von Wissen. Da sich die Problemlösungs-Ansätze in der KI und in der Simulation unterscheiden, können beide Gebiete voneinander profitieren. Der gegenseitige Austausch von Erkenntnissen und Resultaten wird sowohl aus der Perspektive der KI als auch aus derjenigen der Simulation diskutiert. Die Simulation spielt zweitens eine wichtige Rolle als Werkzeug bei der Konstruktion von Umgebungsmodellen, da sie bereits definitionsgemäss die Modellierung bestimmter Eigenschaften (z.B. zeitliche Abhängigkeiten) unterstützt, die für ein solches Modell relevant sind. Neben den theoretischen Aspekten der Synergie beider Disziplinen kommt der Simulation eine praktische Bedeutung bei der Implementation von wissensbasierten Systemen zu.

Im dritten Teil dieses Kapitels werden Theorien aus dem Bereich Psychologie vorgestellt, die erlauben, die Interaktionen zwischen Agent und Umgebung auf einer kognitiven Ebene zu beschreiben.

2.1 Künstliche Intelligenz: Wege aus der Isolation

Forschung in der Künstlichen Intelligenz gründet hauptsächlich auf zwei Motivationen: Einerseits besteht der Wunsch, die menschlichen kognitiven Mechanismen und letztlich die menschliche Intelligenz selbst zu verstehen. Anderseits erhofft man sich von der KI-Forschung Resultate für den technischen Bereich, namentlich die Fähigkeit, "intelligente" Maschinen zu konstruieren.

Die unterschiedlichen Ansprüche an die KI-Forschung legen auch gleichzeitig den Grundstein für die verschiedenen Forschungsrichtungen innerhalb der KI. Das Interesse an kognitiven Prozessen wird vor allem in der Cognitive Science wahrgenommen. Künstliche Intelligenz und Cognitive Science sind eng miteinander verwandt und teilweise decken sich ihre Zielsetzungen. Die Encyclopedia of Artificial Intelligence umschreibt das gemeinsame Ziel beispielsweise folgendermassen:

> ". . . understanding the nature of intelligent action in whatever physical form it may occur" [Encyclopedia 87].

Künstliche Intelligenz und Cognitive Science konstituieren die Entwicklungsbereiche von sogenannt "intelligenten Agenten". Der Begriff "intelligenter Agent" bezeichnet ein lauffähiges Programm oder System, das bestimmte "intelligente" Aktivitäten ausführt. Bereits im ersten Kapitel wurde für die Einbettung solcher Systeme in eine Umgebung plädiert, um die Ziele der kognitiv orientierten KI-Forschung - die Funktionsäquivalenz zwischen künstlichem System und Mensch - angehen zu können.

2.1.1 Künstliche Intelligenz

Generell wendet sich die Künstliche Intelligenz Problemen zu, die gemäss ihrer Natur weder allein dem Menschen zur Lösung vorbehalten sind (weil z.B. Kreativität, Intuition und Emotion zu den kritischen Problemlösungsparametern gehören), noch durch einen strengen Problemlösungsalgorithmus beschrieben werden können.

Probleme, die sich nur ungenügend präzise formulieren lassen, versucht man zu lösen, indem man sie - bildlich gesprochen - in die Richtung eines algorithmischen Lösungs-prozesses schiebt [Stonebraker 86]. Figur 2.1 skizziert dieses Verschiebung. Frei hat übrigens argumentiert, dass dieses Vorgehen häufig dem menschlichen Umgang mit ungenau definierten Problemen entspricht [Frei 76].

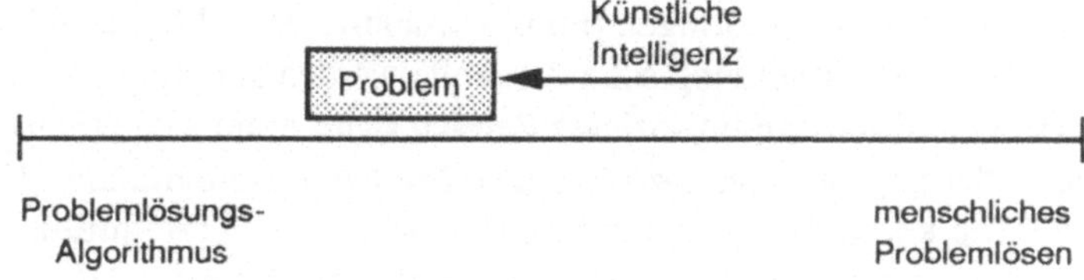

Figur 2.1: Problemverschiebung durch KI [Stonebraker 86]

Probleme, deren Lösungen - falls überhaupt existent - nicht streng algorithmisch beschrieben werden können, gibt es in allen sozialen, wirtschaftlichen, politischen und wissenschaftlichen Bereichen. Nicht erstaunlich ist deshalb, dass die Künstliche

Intelligenz - zumindest potentiell - in all diesen Bereichen Anwendung finden kann. Ebenso vielfältig wie die Anwendungen, sind auch die Techniken und Methoden, die in der Künstlichen Intelligenz eingesetzt werden.

Methodenvielfalt in der Künstlichen Intelligenz

Über die Methoden der KI ist explizit in der Literatur wenig zu finden [Stoyan 89], jedoch wird eine Vielzahl von Ansätzen implizit unter diesem Begriff subsumiert. Nicht alle halten der Definition von Methode, dem planmässigen Vorgehen zur Erreichung eines Zieles, stand. Fälschlicherweise werden oft Forschungsgegenstände (z.B. Repräsentation von Wissen, systematisches und heuristisches Suchen, automatisches Beweisen) oder auch Programmuster (z.B. Backtracking, Forward und Backward Chaining) als Methoden bezeichnet [Stoyan 87].

Auch scheint in der Auswahl dessen, was zur Lösung von KI-Problemen an Verfahren herangezogen wird, eine gewisse Willkür zu liegen; eine eindeutige Methodologie hat sich (jedenfalls bis jetzt) nicht durchsetzen können. Die methodologische Frage stellt sich insbesondere auch in den Teilgebieten, die innerhalb der Künstlichen Intelligenz unterschieden werden. Obwohl die Zielsetzungen dieser verschiedenen Richtungen teilweise deutlich divergieren, sind in bezug auf die zur Anwendung kommenden Methoden keine klaren Grenzen zu ziehen.

Grob werden innerhalb der KI-Forschung zwei Richtungen unterschieden: Eine leistungs-orientierte (Performance Approach) und eine kompetenz-orientierte (Competence Approach). Die erste Richtung - auch als technologische KI [Clark 88 b] oder als angewandte KI bezeichnet [Hall & Kibler 85] - bezweckt die Optimierung der maschinell hervorgebrachten Leistung (Input-Output-Äquivalenz) und kommt beispielsweise bei der Erstellung des besten Schachprogramms oder beim Finden des kürzesten Weges in einem Suchbaum zur Anwendung. Verschiedene Techniken werden eingesetzt (z.B.Minimax-Strategie, Suchbaumverfolgung); entscheidend für die Wahl einer Technik ist jedoch einzig ihre Brauchbarkeit zur Erstellung eines leistungsfähigen Programms.

Die zweite Richtung, auch psychologische KI genannt [Clark 88 b], will menschliche Leistung durch Analogie hervorbringen (Funktionsäquivalenz). Menschliche Denk- und Handlungsprozesse resp. psychologische Zustände werden simuliert. Beispiele für die kompetenz-orientierte Richtung im sozialen Bereich sind Lernmodelle [Feigenbaum 63], [Anderson 83] oder psycho- und soziologische Simulationsprogramme [Gullahorn & Gullahorn 65]. Die kompetenz-orientierte KI deckt sich teilweise mit der kognitiven Modellierung. Aus experimentellen Untersuchungen an einem Modell versucht man, erklärende Hypothesen über menschliches Verhalten abzuleiten. Das experimentelle Entdecken von Prinzipien der Intelligenz bezeichnen Hall und Kibler als experimentelle (oder konstruktive) KI. Die Phasen, die im Problemlösungsprozess durchlaufen werden, nämlich Entwurf, Konstruktion, Test und Bewertung, sind von anderen experimentellen Disziplinen her bekannt [Hall & Kibler 85].

Retti unterscheidet eine dritte, struktur-orientierte Richtung [Retti 86]. Diese Richtung (Structural Approach) fordert neben der Funktionsäquivalenz zusätzlich Struktur-äquivalenz: Mit dem Modell wird nicht nur menschliches Verhalten generiert, die Generierungs-Strukturen sollen zudem Erkenntnishilfe leisten bezüglich entsprechender menschlicher Generierungs-Strukturen. Beide, die Struktur im Modell und die Struktur, die beim Menschen den Gedankenprozessen zugrundeliegt, werden als Realisationen einer einzigen übergeordneten Theorie aufgefasst. Diese Theorie versucht Aussagen und Hypothesen über die Äquivalenz der beiden Strukturen zu formulieren. Aufbauend auf den Theorien bezüglich Strukturäquivalenz (interne Funktionsäquivalenz) werden Computermodelle (Strukturmodelle) als spezielle Ausprägungen erstellt und zur Erklärung für menschliche Leistungen herangezogen.

In der von Hall und Kibler vorgenommenen Klassifikation findet sich der struktur-orientierte Ansatz in der sogenannt spekulativen KI resp. in der empirischen KI. Die spekulative KI will Theorien über menschlich intelligentes Verhalten formulieren. Alles, was sich zu diesem Zweck an Methoden sinnvoll anbietet, wird herangezogen. Die empirische KI ihrerseits versucht - analog zur experimentellen KI - "intelligente" Systeme zu modellieren, dabei werden die Resultate immer wieder am menschlichen Vorbild geprüft, das Systemverhalten wird mit dem menschlichen verglichen. Zusätzlich dient die Entwicklung solch "intelligenter" Anwendungen aber auch dem Bestreben, kognitive Leistung beim Menschen zu erklären und Rückschlüsse auf menschliches Ver-halten zu ziehen. Deshalb wird versucht, Korrespondenzen herzustellen zwischen (abstrakten) Software-Strukturen im Computer (bzw. deren funktionaler Interpretation) und postulierten (abstrakten) Mentalstrukturen des Menschen [Kobsa 86].

Die Arbeitsmethoden in der sogenannt theoretischen (oder formalen) KI zeichnen sich vor allem durch einen hohen Grad an Mathematisierung aus. Das Ziel der theoretischen KI ist die formale Beschreibung von Prinzipien der Intelligenz (Systematisierung). Figur 2.2 zeigt eine schematische Gliederung der erwähnten KI-Forschungsgebiete.

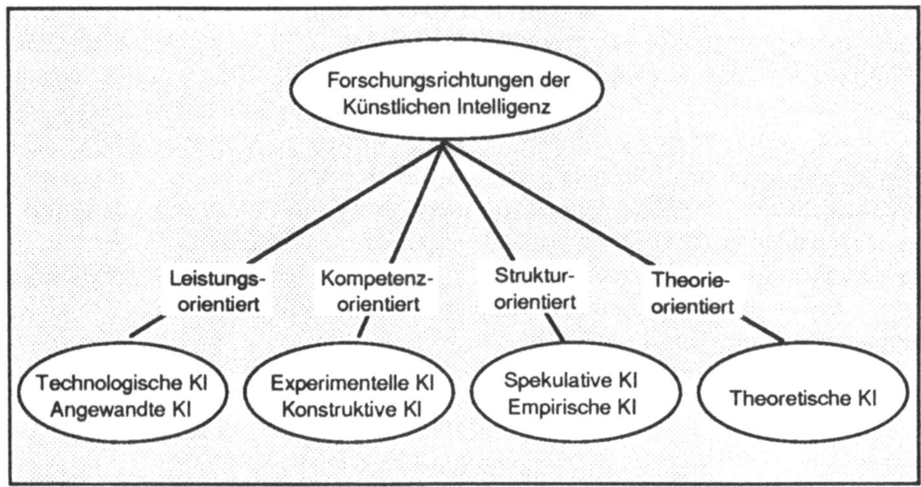

Figur 2.2 Klassifikation von KI-Forschung

Künstliche Intelligenz als Teil der Cognitive Science

Als Technologie wird die Künstliche Intelligenz der Informatik zugerechnet. Das Informatik-Teilgebiet "Künstliche Intelligenz", die technologische KI, beschäftigt sich vorwiegend mit dem Entwurf von Systemen und verfolgt das Ziel, "intelligente" Maschinen zu konstruieren.

Als Wissenschaft aufgefasst, stellt die Künstliche Intelligenz ein Teilgebiet der Cognitive Science dar. Die Definition von Cognitive Science, nämlich " . . . the study of the principles by which intelligent entities interact with their environments" [Encyclopedia 87] zeigt, dass erstens die Trennlinie zwischen Künstlicher Intelligenz und Cognitive Science undeutlich resp. überlappend ist, und dass zweitens Cognitive Science auch zu anderen Disziplinen nicht klar abgegrenzt werden kann. So wird Forschung, die thematisch ins Gebiet der Cognitive Science fällt, beispielsweise in der Psychologie, Linguistik, Philosophie, Mathematik und in der Neuroinformatik betrieben.

Unterschiede zwischen der technologischen KI und dem der Cognitive Science zugehörigen Teil der KI betreffen vor allem den Forschungsstil: In der technologischen KI geht es um die Frage, wie Vorkommen von Intelligenz auf bereits bekannten Computerarchitekturen realisiert oder auch wie sie durch den Entwurf neuer Architekturen geschaffen werden können. Cognitive Science ihrerseits beschäftigt sich mit der Frage, wie Vorkommen von Intelligenz faktisch auf einer bestimmten Architektur realisiert worden sind. Die Erstellung von formalen Modellen, die Implementation von Ideen und Konzepten auf dem Computer, ist somit für die Cognitive Science nicht Forschungsziel, sondern vielmehr Forschungsmethode: "Cognitive Science aims to formalize and hence reproduce and explain natural intelligence, including that of human beings" [Gill 86].

Die Modelle, die in der Cognitive Science verwendet werden, basieren ausschliesslich auf dem kompetenz- und struktur-orientierten und nicht auf dem leistungs-orientierten Ansatz. Mit dem Computer als Instrument werden theoretische Vorstellungen realisiert, zugleich wird das "Verhalten" dieser Realisationen als Phänomen untersucht. Es gehört zu den Aufgaben der Cognitive Science Forschung " . . . to discover the representational and computational capacities of the mind and their structural and functional representation in the brain" [Encyclopedia 87].

2.1.2 Die Beziehung zur Simulation

Bevor die Einbettung von wissensbasierten Systemen in eine Umgebung und die Integration von Künstlicher Intelligenz und Simulation unter Nutzung von Erkenntnissen und Errungenschaften beider Disziplinen diskutiert werden, gilt es, die verschiedenen Aspekte der Beziehung zwischen Künstlicher Intelligenz und Simulation - Ähnlichkeiten und Abweichungen - aufzuzeigen.

Künstliche Intelligenz und Computersimulation

Harbodt zählt Anwendungen im KI-Bereich dann zur Computersimulation, wenn ihr Schwergewicht "mehr auf Intelligenz, denn auf künstlich" liegt, d.h. analog zur heuristischen Programmierung, wenn die Abbildung des Prozesses über das Prozessresultat Priorität besitzt [Harbodt 74].

Die traditionelle Simulation bezweckt eine Widerspiegelung der Realität resp. des für das Problem relevanten Realitätsausschnittes. Sie will die realen Vorgänge nicht übertreffen, sondern diese möglichst (realitäts-)getreu wiedergeben (vgl. Welt-, Ökonomiemodelle). Informationen über komplexes Systemverhalten soll durch die Erstellung von Simulationsmodellen und durch das Experimentieren mit diesen Modellen gewonnen werden.

Die Simulation wird zwar auch zum Finden von optimalen Lösungen und zur Bestimmung von effizienten Systemkonfigurationen eingesetzt (entsprechend den Zielsetzungen der leistungs-orientierten KI); dies geschieht jedoch immer auf dem Hintergrund einer zur Realität möglichst nahen Modellstruktur durch Manipulation von Variablenwerten oder Änderung der Initialbedingungen.

In der Strukturierung von Wissen verwenden beide Disziplinen ähnliche Muster: Sowohl in Simulationsmodellen wie auch bei KI-Systemen lässt sich das Wissen, das für die Problemlösung resp. für die Simulation benötigt wird, hierarchisch gliedern [Elzas 86].

Ein weiterer Bezug zwischen KI und Simulation ergibt sich aufgrund bestimmter Probleme, die in beiden Disziplinen auftreten. Beispielsweise ist der Wissenserwerb (Knowledge Acqusition) immer noch eines der fundamentalen Probleme der KI, insbesondere bei der Erstellung von Expertensystemen. Entsprechend problematisch erweist sich die Evaluation von Konsistenz und Zuverlässigkeit im Bereich der Simulation.

Ein letzter pragmatischer Punkt bezieht sich auf die Modellierwerkzeuge, da sich hier in der Künstlichen Intelligenz und in der Simulation eine vergleichbare Tendenz abzeichnet: Vom Benutzer wird zwar jeweils erwartet, dass er sich die Fertigkeiten zur Bedienung des Werkzeuges aneignet. Wie dieses Werkzeug allerdings auf ein bestimmtes, konkretes Problem anzuwenden ist, dieses Wissen bleibt im Werkzeug verborgen und kann vom Benutzer höchstens indirekt erfasst oder vermutet werden, indem er verschiedene Anwendungen (Schwachstellen, Stärken) studiert. Noch weniger erfährt er über die Entwurfs- und Modellierungskonzepte, die einem solchen Werkzeug zugrundeliegen.

Ähnlichkeiten in der Struktur und Konfrontation mit ähnlichen Problemen begünstigen Integrationsabsichten. Techniken und Methoden, die in einem Gebiet erfolgreich eingesetzt werden, versprechen auch einen Beitrag zur Problemlösung im anderen Gebiet.

Cognitive Science und Computersimulation
Erkenntnistheoretische Berührungspunkte zwischen der Simulation und der Künstlichen Intelligenz gibt es vor allem beim kognitiv-orientierten Ansatz der KI (also im Bereich der Cognitive Science); eine klare Trennung beider Bereiche (Simulation und Cognitive Science) ist ebenfalls nicht immer möglich.

Stellt man Cognitive Science und Simulation - eingeschränkt auf den Bereich der Sozialwissenschaften - nebeneinander und vergleicht die Modelle, die in beiden Disziplinen als Hilfsobjekte benutzt werden, fällt der Cognitive Science die Aufgabe zu, kognitive Phänomene formal zu erfassen (z.B. Motivation und ihre handlungsleitende Funktion), der Simulation hingegen die Nachbildung von auftretendem, offenkundigem Verhalten [Petkoff 85]. Beide, Simulation und Cognitive Science, liefern Forschungsmethoden: Ausgehend von der Hypothese, dass die interne Struktur eines Modells gleich der internen Struktur des realen Objektes ist, werden neue Situationen (mit neuen Initialbedingungen) simuliert und Voraussagen über zukünftiges Verhalten formuliert.

2.1.3 Simulationsfähige Systeme der Künstlichen Intelligenz

Immer häufiger werden Werkzeuge (Software Tools) für die Erstellung von Programmen und Systemen angeboten, die sowohl Methoden der Künstlichen Intelligenz als auch Simulationstechniken unterstützen. Die Motivation, die einer solchen Methodenvereinigung zugrunde liegt, kann einerseits aus der Perspektive der KI, anderseits aus derjenigen der Simulation begründet werden. Auch gilt es zu unterscheiden, ob die Werkzeuge für die Erstellung von simulationsfähigen KI-Anwendungen gedacht sind oder aber zum Bau von Simulationsmodellen, die zusätzlich gewisse Ansätze der KI integrieren. Simulationsfähige Systeme in der Künstlichen Intelligenz zeichnen sich üblicherweise dadurch aus, dass sie über einen zusätzlichen

Inferenzmechanismus, ein Simulationsmodell, verfügen. Meist wird diskrete, ereignisorientierte Simulation verwendet; vielleicht deshalb, weil das Schwergewicht der KI-Techniken auf diskreter Symbolverarbeitung liegt. Eine Ausnahme ist das System MOSES von Retti, das ein eigenes Modul für kontinuierliche Simulation besitzt [Retti 84].

Im folgenden wird der Frage nachgegangen, welche Erkenntnisse und Erfahrungen aus dem Bereich der Simulation in die KI einfliessen und dort nutzbringend eingesetzt werden können. Unter 2.2.2 wird dann dieselbe Frage aus der Perspektive der Simulation nochmals aufgegriffen.

Der Faktor Zeit

Viele KI-Anwendungen (z.B. Expertensysteme) sind für die Lösung von statischen Problemen gebaut (z.B. geologische Analysen) oder von quasi-statischen (z.B. das Verstehen von Sätzen, medizinische Diagnose, das Finden einer fehlerhaften Komponente). In diesen Anwendungen wird meist dem Faktor Zeit keine Bedeutung beigemessen. Zwar lassen sich auch bei der Modellierung von menschlichen Denkprozessen zeitliche Sequenzen angeben, dieser Umstand hat jedoch für das modellierte System nur geringe Relevanz. Ein "interner" oder relativer Begriff von Zeit reicht aus (z.B. Abfolge von Lösungsschritten). In Simulationsmodellen hingegen kommt dem Begriff "Zeit" eine spezielle Bedeutung zu. Häufig ist dem realen Problem, das mit Hilfe von Simulationsprogrammen gelöst werden soll, die Zeit selbst immanent (z.B. Warteschlangen, Fahrplan), ja der Grossteil der realen Probleme ist inhärent dynamisch. Zeitliche Abhängigkeiten werden deshalb bei den Simulationsprogrammen bereits in die Beziehungen zwischen den Modellgrössen eingebaut (z.B. Verzögerungen oder prognostizierte zukünftige Veränderungen).

Solange ein wissensbasiertes System isoliert benutzt wird, also nicht in eine Umgebung eingebettet ist, spielt die reale Zeit und der Ablauf der Zeit keine Rolle. Das gilt weitgehend auch für diejenigen Systeme, die auf dem leistungs-orientierten Ansatz basieren. Bei Systemen in der kognitiv-orientierten KI jedoch, die einem Vergleich mit menschlichem Verhalten standhalten wollen, muss der zeitliche Bezug hergestellt werden. Diese Systeme müssen nämlich fähig sein, mit zeitabhängigem Wissen und in zeitlich variierenden Umgebungen zu operieren. Das Treffen einer Entscheidung unter Zeitdruck oder die Erledigung einer Arbeit innerhalb einer Zeitspanne sind nur zwei Beispiele von typisch zeitkritischen Aufgaben.

Der Begriff der Zeit und die dynamischen Eigenschaften einer Umgebung konfrontieren die KI-Modellierung in den folgenden Bereichen:
- im Bereich der Wissensrepräsentation. Die Zeitdimension und die variable Struktur der realen Umgebung entlang der Zeitachse müssen berücksichtigt werden.
- im Bereich der Wissensverarbeitung. Die Fülle von zeitabhängiger Information ruft nach neuen Inferenzmechanismen.

- im Bereich Wissenskonsistenz. Die Forderung nach absoluter Korrektheit aller Elemente der Wissensbasis muss aufgegeben werden zugunsten von Regeln und Daten, die mit zeit- oder zustandsabhängigen Bedingungen verknüpft sind.

Beschreibungstechniken

Simulationsprogramme verwenden Beschreibungstechniken, die sich für die Erstellung von wissensbasierten Systemen als nützlich erweisen: In der Simulation wird üblicherweise das Modell vom Experiment getrennt. Diese Trennung bietet die Grundlage, um mit simulierten Umgebungen zu experimentieren, d.h. sie erlaubt die Durchführung von Experimenten auf Modell-Varianten, die alle demselben Modelltypus angehören [Elzas et al. 86]. Teilweise sind die Voraussetzungen für solche Experimentiermöglichkeiten in modernen KI-Werkzeugen bereits vorhanden. Das Knowledge Engineering Environment (KEE) beispielsweise, ein Werkzeugkasten für wissensbasierte Systeme, unterstützt das Konzept von "Welten", wobei die verschiedenen "Welten" je spezielle Zustände der Wissensbasis repräsentieren.

Interne Wissensmodelle

Forschungsresultate suggerieren, dass der Mensch sein Wissen über die Umgebung in Form von hierarchisch strukturierten, adaptiven Modellen "speichert". Die dynamisch sich verändernde Hierarchie reicht von allgemeinen, grob vereinfachenden und wenig Information enthaltenden, Modellen bis zu fein spezialisierten. Vielen KI-Anwendungen fehlen solche internen Modelle. Ihre Wissensbasen sind "flach", d.h. sie enthalten viele bereits verknüpfte Daten, aber keine kausalen Beziehungen. Es fehlen ihnen "tiefe" Modelle, welche das Verhalten des Problembereiches aufgrund kausaler Zusammenhänge wiedergeben.

Verschiedene Aufgaben verlangen die Ausführung qualitativer Simulationsexperimente auf solchen internen Wissensmodellen. Beispiele sind die Vorhersage eines Modellzustandes aufgrund von Einträgen der Wissensbasis, die kausale Erklärung für ein beobachtetes Verhalten oder die Angabe über die Wirkung einer Kontrollstrategie auf die Umgebung. Die experimentelle Evaluierung der Wissensbasis mit Hilfe von Simulation dient auch ihrer Optimierung oder Erweiterung. Die Simulation kann somit als eine spezielle Lernmethode innerhalb des wissensbasierten Systems verstanden werden.

2.1.4 Warum benötigen wissensbasierte Systeme eine Umgebung?

Ein Grossteil des menschlichen Verhaltens ist eng gebunden an die unmittelbare Umgebung [Clark 88 a]. Wird ein Problem zur Lösung (oder eine Aufgabe zur Erledigung) angegangen, verfügt der Mensch oft nicht über das Detail-Wissen für die späteren Phasen des Lösungsprozesses. Er erwirbt sich das benötigte Wissen kontinuierlich durch die Verarbeitung von Information aus der Umgebung. Implizit in der Umgebung ist also Wissen enthalten, das uns erlaubt, uns in unserer Umgebung zu bewegen und mit Problemen fertig zu werden. Die Umgebung beeinflusst unser Problemlösungs-Verhalten; ebenso steuern unsere Ziele und Pläne unseren Interpretationsprozess und üben Einfluss aus auf die Art und Weise wie wir unsere Umgebung betrachten.

Beispiel: Oft sind wir nicht in der Lage, den Weg zu einem Restaurant genau zu beschreiben, trotzdem finden wir, geleitet durch Informationen aus der Umgebung, den Weg dorthin mühelos.

Zu jedem Zeitpunkt leiten wir aus unserer unmittelbaren Umgebung bewertete Teilmodelle ab; die Umgebung selber ist nicht bewertet. Den meisten wissensbasierten Systemen wird jedoch immer schon eine bewertete Welt geliefert und zwar bewertet auf dem Hintergrund des gestellten Problems oder der auszuführenden Aufgabe. Die bereits vordefinierten Funktionen von Objekten und festgelegten Beziehungen zwischen den Objekten bieten keinen Raum für selbständiges Erforschen.

Die Umgebung ist ein Speicher für Informationen, die sonst vom Individuum gesammelt und gewartet werden müssten. Das menschliche Gedächtnis wird somit entlastet, denn die Hinweise aus der Umgebung erlauben die Aktivierung von Wissen zum Zeitpunkt, zu dem es benötigt wird. Isolierte KI-Programme können nicht von Hinweisen aus der Umgebung profitieren, folglich müssen sich ihre Lösungsmechanismen zwangsläufig von den menschlichen unterscheiden.

Beispiel: Wenn wir das "Turm von Hanoi"-Problem lösen, nehmen wir visuelle Information als Orientierung zuhilfe (um beispielsweise zu wissen, welche Scheibe von welchem Stapel genommen werden muss). Der Algorithmus in einem Computerprogramm kommt ohne die physische Repräsentation des Problems aus.

Für die kognitiv orientierte KI-Forschung ist jedoch dieser Zustand unbefriedigend, verfolgt sie doch das Ziel einer Funktionsäquivalenz und nicht bloss das einer Input-Output-Äquivalenz. Es müssen also Bedingungen geschaffen werden, die diesem Ziel - zumindest potentiell - förderlich sind. Grundsätzlich gibt es zwei Möglichkeiten, ein künstliches System in eine Umgebung zu stellen und mit den Eigenschaften dieser zu konfrontieren. Einerseits können Agenten (wissensbasierte Systeme) in eine simulierte Umgebung, anderseits Roboter in eine reale Umgebung gestellt werden.

Künstliche versus reale Umgebung

Die reale Welt ist zu komplex, als dass sie sich mit formalen Mitteln nachbilden liesse. Viele Merkmale und Eigenschaften müssen ignoriert werden, um diese Komplexität zu meistern. Das Problem besteht vor allem darin, alle für eine spezielle Aufgabenstellung unerwünschten Faktoren aus der Umgebung zu eliminieren. Ein Beispiel ist Mitchells Roboterumgebung: Damit der Roboter "sehen" kann, wird der Raum, in dem er sich bewegt, entsprechend klein gewählt [Mitchell 88]. Andere, ähnliche Experimente bedienen sich Umgebungen, die entweder schalldicht (kein Umgebungs-Rauschen), reibungslos (keine zusätzlichen physikalischen Kräfte), geruchlos (keine Geruchs-Störungen) oder dunkel (keine Lichtquellen) sind. Anstatt die Komplexität der

Umgebung zu reduzieren, kann umgekehrt auch die Aufnahmefähigkeit des künstlichen Systems limitiert werden. Die heute einsatzfähigen Roboter verarbeiten denn auch meist nur eine einzige Art von Umgebungsdaten (z.B. visuelle oder taktile).

Eines der stärksten Argumente gegen simulierte Umgebungen, nämlich dass mit unrealistischen Situationen experimentiert wird, gerät angesichts der oben erwähnten "realen" Experimentierumgebungen ins Wanken. Zudem bieten simulierte Umgebungen einige unbestreitbare Vorteile, unter anderem:

- die exakte Reproduzierbarkeit eines Experimentes. In der Realität werden dieselben Sensordaten kaum je identische Effekte in den Outputdaten erzeugen.

- die beliebige Wiederholung von Experimenten. Ein Experiment wird mehrfach wiederholt, um die Auswirkung kleiner spezifischer Änderungen zu testen oder um einen bestimmten Teil des Systems detaillierter zu untersuchen.

- das Testen in Zeitlupe oder im Zeitraffer. Kritische Abläufe im Simulationsmodell können in der Testphase unter verschiedenen zeitlichen Bedingungen getestet werden. Wichtige Konzepte müssen nicht bereits zu Beginn der Modellierung aufgrund von Zeitrestriktionen "über Bord" geworfen werden.

Die Wahl der Umgebung - real oder simuliert - hängt natürlich wesentlich vom System ab, das in die Umgebung eingebettet resp. von der Problematik, die damit angegangen werden soll. So setzt die Robotik auf einer tiefen, feinkörnigen Modellierungsstufe an; ihre Systeme (die Roboter) benötigen eine Umgebung, die den Gesetzen der Physik gehorcht und reaktives Verhalten zeigt. Diese Eigenschaften sind einer realen Umgebung trivialerweise immer schon inhärent. Kognitiv-orientierte Systeme hingegen stehen auf einer höheren, grobkörnigeren Modellierungsstufe. Auch für sie ist eine reaktive, "feedback"-liefernde Umgebung notwendig. Wollte man jedoch alle vernachlässigbaren Umgebungs-Faktoren eliminieren, um damit Bedingungen für die Einbettung eines kognitiv-orientierten Systems zu schaffen, dann müsste wahrscheinlich mehr Aufwand getrieben werden als bei einer Selektion von relevanten Faktoren. Zudem ist die Existenz einer realen Umgebung für das Experimentieren mit kognitiv-orientierten Systemen auch nicht zwingend notwendig. Connah, Shiels und Wavish meinen: ". . . there is no point in simulating a world at the atomic level, because people cannot perceive this level of detail directly, and there is no reason to suppose that human cognition depends on it" [Connah et al. 88]. Wenn sich also kognitive Tätigkeiten auf eine Ebene beziehen, deren Korngrösse ohnehin keine Analyse bis auf die "Atomebene" erlaubt, dann lässt sich die Abstraktion von Details auf subkognitiven Ebenen rechtfertigen.

Wie bereits erwähnt, sind alle formalen Ansätze, die sich auf eine reale Welt beziehen, gezwungen, Komplexitätsreduktion vorzunehmen. Ja, auch der Mensch, will er sich in der Realität zurechtfinden, reduziert und abstrahiert. Der grosse Vorteil einer simulieren Umgebung besteht darin, dass - im Gegensatz zur realen Umgebung - der Grad der Abstraktion arbiträr festgelegt werden kann.

2.2   Wissensbasierte Simulation

In diesem Kapitel wird aus der Perspektive der Simulation die Verbindung mit der Künstlichen Intelligenz diskutiert. Wie der Künstlichen Intelligenz und der Cognitive Science sind auch der Simulation in bezug auf ihre Leistung und Anwendbarkeit Grenzen gesetzt. Die Betrachtungen beziehen sich hier übrigens vorwiegend auf Simulationsanwendungen im Bereich der Sozialwissenschaften.

Lange Zeit kam die Simulation mit bestimmten Wissenschaftsgebieten (z.B. Psychologie) kaum in Berührung. Im Kreis von Eingeweihten wurden hauptsächlich technische Simulationsprobleme erörtert. Die Anwendungen orientierten sich eng an technischen und betriebswirtschaftlichen Disziplinen (u.a. Operation Research), so dass die Bewertung der Methode vornehmlich nach technischen und ökonomischen Effizienzkriterien erfolgte. Will man die Simulation ausserhalb ihrer bestandenen Anwendungsgebiete einsetzen, beispielsweise in Bereichen, die schlecht formalisierbar sind, treten an die Modellierung neue Anforderungen heran; die Orientierung an artfremden Ansätzen wird zwingend.

2.2.1 Simulationsmodelle

Simulation ist ein mächtiges Werkzeug zum Lösen von Problemen, für die kein geschlossener Algorithmus bekannt ist. Insbesondere im Fabrik- und Industriebereich gibt es zahlreiche Aufgaben, die mit Hilfe von Simulation bewältigt werden. Beispiele sind die Problemanalyse, die Definition von Anforderungskatalogen sowie die Konstruktion von Systemen in den Phasen Entwurf, Implementation, Test und Evaluation.

Nicht zu unrecht spricht Kulla von Simulation als letztem Zufluchtsort, wenn andere (v.a. mathematische) Methoden versagen [Kulla 79]. Die Existenz eines Zufluchtsortes garantiert dem Suchenden jedoch nicht, dass er diesen auch erreichen wird. Entwickler von traditionellen Simulationsanwendungen benutzen konventionelle, algorithmisch-orientierte Werkzeuge, höhere Programmiersprachen wie Pascal und Fortran oder Simulationssprachen wie GPSS oder SIMULA. Oft sind sie dadurch gezwungen, ihre Rezeption von Welt auf eine Weise zu transformieren, die wenig Freiraum lässt.

Zudem sind die Konstruktion von Systemen und deren Validierung, die Überprüfung von Hypothesen und die Analyse von Simulationsresultaten komplexe Aufgaben, die ein hohes Mass an Expertise sowohl auf der Stufe der Programmierung als auch der Anwendung voraussetzen. Mit anderen Worten: Die traditionelle Simulation ist eine zeitintensive und kostspielige Technik. Im Lichte rapiden Fortschrittes in der Informatik und parallel dazu steigender Ansprüche auf Seiten der Computerbenützer erscheinen die Restriktionen, die mit der Verwendung von Simulation einhergehen, zunehmend unakzeptabler und stellen oft den Nutzen von Simulation in Frage.

Die Erkenntnisse, welche in der Künstlichen Intelligenz und insbesondere bei den Expertensystemen und im Umgang mit komplexen Wissensrepräsentationen gewonnen werden, aber auch die Erprobung neuer Programmierstile, um die Flexibilität bei der Darstellung von Objekten zu vergrössern oder das Handhaben von Anomalien zu unterstützen, können sich bei der Entwicklung von Simulationsanwendungen als äusserst brauchbar erweisen [Faught et al. 80], [Nielsen 86].

Eigenschaften traditioneller Simulation

Charakteristisch, teilweise aber eben problematisch und einschränkend, sind unter anderem folgende Merkmale der konventionellen Simulation:

* die fast ausschliesslich numerische Verarbeitung,
* die enge Verknüpfung von Daten und Kontrollinformationen. Neues Wissen kann meist nicht ohne Änderung der Programmstruktur eingebracht werden.
* die oft rigiden und schwerfälligen Simulationssprachen und -Werkzeuge,
* die Menge zusätzlicher, komplexer Aufgaben, die im Umfeld der Modellierung und Simulation anfallen (z.B. das Vergleichen von aktuellem und erwartetem Systemverhalten, das Abschätzen von Systemleistung, das Bezeichnen von kritischen Grössen, das Justieren von Systemparametern).
* das Kennen aller relevanten Grössen des Problembereiches und ihrer Abhängigkeiten - zumindest dann, wenn die Resultate einen gewissen Anspruch auf Gültigkeit erheben wollen. Ungenügendes oder wenig verlässliches Wissen über den zu modellierenden Problembereich stellt den Einsatz von Simulationsverfahren insgesamt in Frage. Allerdings gilt dieser Einwand auch für die Anwendung von Expertensystemen

Bereits diese kurze Liste macht deutlich, dass Erweiterungen im Bereich Simulation wünschenswert sind; gleichzeitig enthält sie Hinweise darauf, in welche Richtung diese Erweiterungen zielen sollten.

2.2.2 Erweiterungen der Simulation

Der Begriff "wissensbasierte Simulation" deutet an, dass die Erweiterung traditioneller Simulation auf Ansätzen beruht, die sich aus dem Interesse an Wissen und in der Erforschung dessen, was für Wissen konstitutiv ist, entwickelt haben. Sowohl die Künstliche Intelligenz wie auch die Simulation arbeiten mit Modellen, die Wissen enthalten. Im Gegensatz zur Simulation hat sich die KI jedoch eingehend mit den Problemen der Wissensrepräsentation und der Wissensverarbeitung beschäftigt. Im folgenden werden einige Merkmale der KI hervorgehoben und hinsichtlich ihrer Bedeutung für die Simulation diskutiert [Adorni et al. 88].

Systemarchitektur

Der wissensbasierte Ansatz erlaubt, das in die Modellierung einfliessende Wissen epistemologisch in verschiedene Kategorien einzuteilen und diese Kategorien getrennt zu modellieren (in Kapitel 5 wird eine solche Kategorisierung vorgestellt). Das Verständnis für das gesamte System wird damit verbessert, die Modellierung auf den einzelnen Ebenen wird konzeptionell untermauert.

Die Simulation kann von der Architektur wissensbasierter Systeme profitieren, indem sie sich an Merkmalen wie Modularität, Transparenz und Bedienbarkeit orientiert. Wird beispielsweise der Simulationsmechanismus - analog zu einem Inferenzmechanismus - von den Daten getrennt, erhöht sich damit die Transparenz des Simulationsmodells und der Anteil an expliziter Wissensrepräsentation. Spätere Modifikationen lassen sich relativ leicht bewerkstelligen, sobald die Verknüpfung von Daten und Verarbeitung wegfällt. Für dynamische Systeme entstehen neue Beschreibungs- und Analyseverfahren.

Wissensrepräsentation

Für die Konstruktion von Simulationsmodellen sind nebst systemtheoretischen Überlegungen Fragen der Wissensrepräsentation von Bedeutung. Auch ein Simulationsmodell stellt in gewissem Sinne ein Wissensmodell dar. Es enthält nämlich - allerdings vorwiegend implizit - das relevante Wissen über den modellierten Problembereich, das sind die Fakten und das Wissen über die Verarbeitung dieser Fakten. Aus Effizienzgründen wird dieses Wissen oft im Computercode vergraben. Es ist deshalb oft wenig strukturiert, sondern vielmehr fragmentiert und über die Programme verteilt. Dieser Umstand erschwert oder verunmöglicht den Einblick in den Programmablauf. Nicht erstaunlich, dass schon wenige Elemente und Beziehungen genügen, um den Benutzer zu verwirren und sein Vertrauen in die errechneten Resultate zu untergraben. Hinzu kommt, dass auf Erklärungen - von Seiten des Simulationsmodells - verzichtet werden muss, da infolge der impliziten Darstellung das Wissen nicht mehr aus den Programmen herausgezogen werden kann.

Neue, in der Künstlichen Intelligenz entwickelte und eingesetzte Formalismen für die Wissensrepräsentation (Semantische Netze, Frames, Regeln, etc.) ermöglichen Beobachtungen über die Welt in einer dem Individuum geläufigen Weise auszudrücken. Die Strukturierung von einzelnen Objekten und Komponenten in eine Generalisierungsresp. Spezialisierungs-Hierarchie erlaubt, nicht nur das Wissen über einzelne Entitäten der realen Welt, sondern auch das Meta-Wissen, das die Struktur der Entitäten und ihre Beziehungen betrifft, schlüssig einzubringen.

Die verschiedenen Repräsentationsformen der Künstlichen Intelligenz können durchaus auch für die explizite Darstellung von zeitabhängigem Wissen verwendet werden; das Repräsentieren eines Experimentes würde beispielsweise dem Erstellen einer dynamischen Wissensbasis gleichkommen. Von daher sind die deklarativen Konzepte der Künstlichen Intelligenz für die Simulation von besonderem Interesse.

Modellierungskapazität

Die Modellierung steht sowohl bei Simulationsmodellen aus auch bei wissensbasierten Systemen im Vordergrund. Die traditionelle Simulation benutzt deskriptive Prozessmodelle, wissensbasierte Systeme ihrerseits verwenden konstruktive Modelle menschlicher Denk-, Entscheidungs- und Handlungsprozesse. Durch die Verbindung von "passiven" Prozessmodellen und "aktiven" Handlungsmodellen wird die Kapazität der Modellierung entscheidend erhöht und die Konstruktion von Simulationsmodellen vereinfacht. Aufgaben, deren Kontroll- oder Entscheidungsteil nur schwer oder gar nicht modellierbar ist, von Individuen jedoch ohne Schwierigkeiten gehandhabt wird, werden - dank der Verbindung mit konstruktiven Modellen - der Simulation zugänglich.

Flexible Funktionalität

Traditionelle Modellierung in der Simulation basiert oft auf dem funktionalen Ansatz, die Modellierung wissensbasierter Systeme hingegen versucht, den Problembereich mit konstruktiven Modellen zu repräsentieren. Der modellbasierte Ansatz bietet gegenüber dem funktionalen folgende Vorteile:

- Ein Modell definiert implizit die zusammenhängende Menge all seiner potentiell möglichen Funktionen; existiert ein Modell der realen Welt, können zu den bereits eingebauten Funktionen jederzeit weitere hinzugefügt werden. Das Modell ist somit stabiler als seine Funktionsspezifizierung, denn in ein System, das aufgrund von spezifischen, funktionalen Anforderungen erstellt wurde, lassen sich zusätzliche Funktionen oft nicht mehr integrieren.
- Auch wenn die funktionalen Spezifikationen des Systems die Anliegen des potentiellen Benutzers befriedigen, sieht dieser in der Implementation eine Verzerrung der Realität. Daraus resultieren Betriebs- und Wartungs-Schwierigkeiten. Ein Modell kann als gemeinsame Kommunikationsbasis zwischen Entwickler und Benutzer dienen. Der Benutzer muss sich nicht mit rein technischen Funktionsspezifikationen herumquälen. Relevantes bleibt nicht in Formeln verborgen und Schwachstellen können rechtzeitig erkannt werden.

2.2.3 Simulation künstlicher Umgebungen

Die meisten wissensbasierten Systeme kennen keine eigentliche Umgebung. Das Wissen, das in das System eingegeben wird, ist selektiv auf das zu lösende Problem resp. die gegebene Zielsetzung abgestimmt und beschreibt für das System die vollständige System-Umgebung. Eingaben in das System werden ausschliesslich aufgrund ihrer Problemrelevanz, jedoch unabhängig von ihrer potentiellen Bedeutung für die Umgebung ausgewählt.

Ausgehend von den Merkmalen einer realen Umgebung und von den Funktionen, die sie erfüllt, werden im folgenden die Bedingungen formuliert, die an die Modellierung einer Umgebung für wissensbasierte Systeme zu stellen sind.

Anforderungen an die Modellierung einer künstlichen Umgebung

Die oben erwähnten funktionalen Eigenschaften einer Umgebung (sie dient dem menschlichen oder maschinellen Agenten als Orientierungshilfe, Informationsspeicher und als Lieferant von Feedback) kommen nur dann zum Tragen, wenn die Umgebung eigenständig und vom Agenten getrennt ist. Sind Agent und Umgebung identisch oder ist die Umgebung ein Teil des Agenten, dann gehen die Funktionen der Umgebung als solche verloren: Es gibt keine Dynamik in der Umgebung, die nicht bereits diejenige des Agenten selbst ist; auch kann sich ohne das Dazutun des Agenten in der Umgebung nichts ereignen.

Die folgenden, weiteren Bedingungen sind mit der eben erwähnten Grundvoraussetzung, nämlich mit der Eigenständigkeit und der Eigendynamik von Umgebung, eng verknüpft:

- der vom Agenten unabhängige Begriff von Zeit.
  Wichtig für eine realitätsnahe Modellierung von Agent und Umgebung ist die Existenz eines Zeitbegriffs in der Umgebung. Die Zeit ist eine Eigenschaft der Umgebung und ist nicht vom Agenten abhängig. Umgebungsprozesse wie auch die Handlungen des Agenten sind diesem Zeitbegriff unterworfen.
- die kausale Komplexität der Umgebung.
  Die Umgebung muss reich an Merkmalen und kausal genügend komplex sein, damit ein Agent ihre Ablaufstruktur nicht internalisieren und nicht sämtliche zukünftigen Ereignisse vorhersagen kann. Analog zum menschlichen Agenten, ist der maschinelle Agent zu keiner Zeit im Besitz der gesamten Umgebungs-Information. Die Teil-Informationen, über die er verfügt, erlauben ihm lediglich eine partielle und insbesondere lokale Kontrolle und Einflussnahme
- die variable Ausprägung der Umgebung.
  Die Darstellung der Umgebung muss bis zu einem gewissen Grad von ihren möglichen späteren Funktionen unabhängig sein. Dem maschinellen Agenten werden keine bereits bewerteten Teilausschnitte oder Ausprägungen der Umgebung vorgegeben. Er selbst definiert die jeweilige Ausprägung der Umgebung resp. bewertet den für ihn relevanten Teilausschnitt. Trotzdem sollte die simulierte Umgebung diejenigen Interaktionen unterstützen, die im realen Leben die kognitiven Prozesse von Agenten beispielsweise beeinflussen.
- die Restriktionen.
  Die Ausführbarkeit von Aktionen ist in der Realität durch die Umgebung resp. ihre Merkmale eingeschränkt (zeitliche, kausale, soziale Umgebungs-Restriktionen). Analog dazu ist beispielsweise die Dauer von Prozessen in der modellierten Umgebung für den Agenten oft nicht bestimmbar und verzögert oder verhindert vielleicht den Beginn einer Aktivität. Die räumliche Beschaffenheit der Umgebung ist insbesondere für das Verhalten des Agenten auf der subkognitiven Ebene von Bedeutung (z.B. Bewegungen eines Roboters). Wiederum andere Restriktionen gelten in einer sozialen Umgebung.

Beispiel: Sich in einem Grossraumbüro zu bewegen, verlangt nicht nur die Fähigkeit, festen Gegenständen (z.B. Tischen, Schränken, etc.) auszuweichen, sondern stellt auch die Forderung nach Einhaltung ungeschriebener Gesetze im Bereich menschlicher Interaktionen (Individualabstand, Gewohnheitsrechte, formell und informell existierende Hierarchiestufen).

Dieses letzte Beispiel macht deutlich, dass neben den Eigenschaften, die für die Umgebung selbst konstitutiv sind (ihre zeitliche, räumliche und kausale Struktur, ihre Grösse und Komplexität), weitere Faktoren für das kognitive Verhalten eines Agenten bestimmend sind, nämlich:

- die Existenz anderer Agenten in der Umgebung
- die ständige Interaktion mit anderen Agenten (als Schlüssel zum Verständnis der anderen Agenten).

Der Begriff "Umgebung" - als Bezeichnung derjenigen Komponente, die für die Entwicklung und Förderung von Intelligenz fundamental ist - umfasst mehr als die physische Beschaffenheit dessen, was ausserhalb des Agenten ist. Wiederum abhängig von der Modellierungsstufe, kommt der sogenannt psycho-sozialen Umgebung - und der Existenz anderer Agenten - mehr oder weniger Bedeutung zu.

2.2.4 Hybride Systeme

Gemäss Definition sind in einem hybriden System verschiedene Ansätze vereint. Die in diesem Kontext angesprochene Vereinigung umfasst Methoden und Techniken, die sich entweder im Bereich der Künstlichen Intelligenz bewährt haben und teilweise auch dort weiterentwickelt wurden oder aber aus der Modellierung und Simulation stammen. Aufgrund der unterschiedlichen Herkunft muss deshalb - bevor die Bewertung eines hybriden Systems stattfinden kann - immer auch der Bezugsrahmen für die Bewertung angegeben werden.

Sowohl methodologisch wie auch erkenntnis-theoretisch lässt sich eine durch Künstliche Intelligenz und Simulation geschaffene Hybridität begründen. Die methodologische Motivation liegt in der potentiellen Überwindung von Grenzen, die jedem einzelnen Ansatz zugrundeliegen. Hybride Systeme bieten die Möglichkeit, Schwächen auszumerzen oder zu überwinden, indem Verfahren und Methoden verschiedener Herkunft miteinander verknüpft werden.

Das erkenntnis-theoretische Interesse an hybriden Systemen im Falle von Künstlicher Intelligenz und Simulation baut auf der Ähnlichkeit beider Ansätze auf. Die Hierarchisierung des Wissens in den Systemen der Künstlichen Intelligenz und der Simulation sowie die Verwandtschaft zwischen dem Wissen auf den einzelnen Hierarchiestufen wurden in diesem Zusammenhang bereits erwähnt. Konzeptionelle Übereinstimmung begünstigt den Transfer zwischen den Disziplinen. So können

Erkenntnisse und Resultate, die in einem Bereich gewonnen wurden, für die Lösung von Problemen im anderen Bereich verwendet werden.

Die typische Architektur eines hybriden Systems im Spannungsfeld von Künstlicher Intelligenz und Simulation umfasst zwei (Haupt-)Komponenten, die einander entsprechend unterstützen. Figur 2.3 gibt eine Übersicht über die Aufgaben, die von der KI-Komponente resp. von der Simulationskomponente übernommen werden.

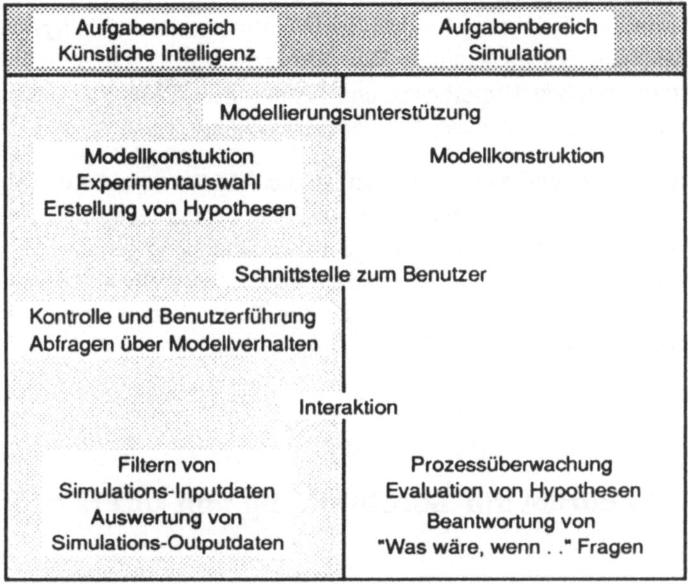

Figur 2.3: Aufgaben von Künstlicher Intelligenz und Simulation im hybriden System

Die Verteilung der Aufgaben auf jeweils eine der beiden Komponenten geschieht aufgrund der erwähnten Schwachstellen und möglichen Erweiterungen von wissensbasierten Systemen einerseits und Simulationsmodellen anderseits.

Unterstützung bei der Entwicklung und Modellierung eines Systems wird hauptsächlich von der Künstlichen Intelligenz gewährleistet - allerdings orientiert sich die Modellkonstruktion auch an der Simulationstechnik. Die verschiedenen Wissensrepräsentationsformen der Künstlichen Intelligenz bieten im Gegensatz zu den meist rigiden Formen der Simulation viele Vorteile und Erleichterungen (z.B. deklarative Beschreibung, lokale Verhaltensdefinition, inkrementeller Ausbau). Durch die Einbettung in eine komfortable Entwicklungsumgebung, die unter anderem eine benutzerfreundliche Dialogführung gestattet, werden die bekannten Simulationstechniken aufgewertet.

Die Schnittstelle zum Benutzer wird ebenfalls mit Techniken der Künstlichen Intelligenz realisiert. Denkbar ist die Erstellung eines "intelligenten" Abfrage-Systems; das

Simulationsmodell wird mit einer wissensbasierten Benutzeroberfläche ausgerüstet und der Benutzer erhält einen bequemen Zugang zu Zwischenberechnungen und Outputdaten der Simulation.

Während der Laufzeit des hybriden Systems profitieren beide Komponenten voneinander: Techniken der Künstlichen Intelligenz werden benutzt, um die Simulations-Inputdaten zu filtern (z.B. Überprüfung von Konsistenz) und die Information, die das Simulationsmodell bereitstellt, effektiv und effizient auszuwerten. Die Analyse von Simulationsergebnissen durch ein wissensbasiertes System erleichtert das Aufdecken von Schwachstellen. Die Simulation ihrerseits evaluiert die vom Expertensystem erstellen Hypothesen und beantwortet "Was wäre, wenn"-Fragen. Zudem übernimmt sie Aufgaben der Prozessüberwachung.

Künstliche Intelligenz und Simulation liefern das Werkzeug zur Repräsentation von Agent und Umgebung. Wie bereits in der Einleitung erwähnt, bedarf es zur Modellierung der Interaktion zwischen Agent und Umgebung geeigneter Theorien, die das Verhalten aller am Interaktionsprozess Beteiligten beschreiben. Kapitel 2.3 erläutert drei Theorienblöcke, die aus der Psychologie für die Modellierung von Prozessen auf kognitiver Ebene in das hier vorgestellte Modellierungskonzept einfliessen.

2.3   Theorien zur Beschreibung von Interaktionen

Die Interaktion mit der Umgebung stellt eine notwendige Voraussetzung für die Entwicklung von Intelligenz dar. Die Wahl der Theorien zur Beschreibung von Interaktionen zwischen Agent und Umgebung hängt ab von der Art der Umgebung, in welche der Agent eingebettet wird und von der Ebene, auf der die Interaktion stattfinden soll. Wie bereits erwähnt (Kapitel 1), interessiert hier die Einbettung von Agenten in eine komplexe, soziale Umgebung. Von Interesse sind in diesem Fall die Interaktionen auf kognitiver Ebene; zu ihrer Beschreibung lassen sich psychologische Theorien und Resultate verwenden. Diese Wahl ist bis zu einem gewissen Grad willkürlich; es kämen hier durchaus auch ökonomische, soziologische oder politologische Theorien in Frage.

Im folgenden werden drei Theorienblöcke vorgestellt; der erste Block betrifft die Verknüpfung von Agent, Situation und Handlung, der zweite Block die kognitive Kodierung der Umgebung durch den Agenten und der dritte Block die Verwendung von Verhaltensschemata.

2.3.1 Personen- und situationsspezifische Merkmale

In der Psychologie wird menschliches Verhalten nicht bloss als eine Funktion der Person interpretiert, sondern als eine Konsequenz aus der Interaktion von Person und

Situation [Gebert & von Rosenstiel 81], vgl. auch Lebensraumkonzept von Lewin [Kurt-Lewin Werkausgabe 82]). Figur 2.4 zeigt schematisch das Beziehungsnetz zwischen Person, Situation und Verhalten.

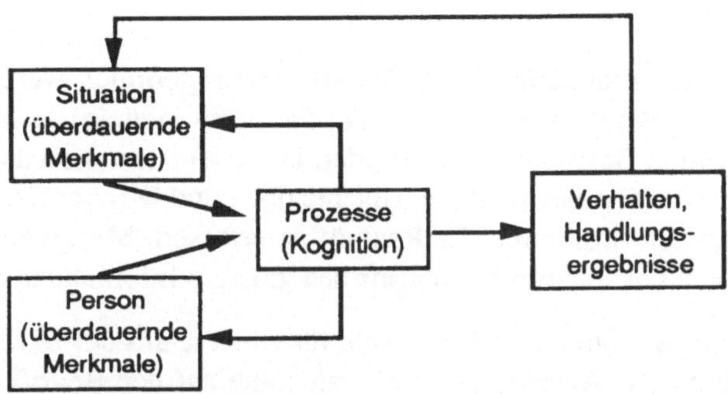

Figur 2.4: Interaktion von Person und Situation [Gebert & von Rosenstiel 81]

Die Merkmale von Person und Situation formen mentale Repräsentationen und lösen kognitive Prozesse aus. Diese Prozesse definieren einerseits das spezifische Handeln in verschiedenen Situationen, d.h. die Reaktionen und Aktionen von Personen auf äussere Impulse, anderseits wirken sie - zusammen mit den ausgelösten Handlungen - über Rückkopplungsschleifen verändernd auf personen- und situationsspezifische Merkmale.

Beispiel: In der organisatorischen Umgebung zählen die Merkmale der Arbeitswelt, nämlich Arbeitsstruktur, verwendete Technologie, Führungsstil, Arbeitsplätze und Taktzeiten zu den Situationsmerkmalen.

Zu den personenspezifischen Merkmalen gehören insbesondere die individuellen und/ oder kollektiven Ziele, die Erwartungen und Vorstellungen sowie die Art und Weise, eine Situation wahrzunehmen und zu bewerten. In den bevorzugten Verhaltensmustern spiegeln sich frühere Erfahrungen wieder. Für die Modellierung von Verhaltensmustern auf dem Hintergrund von personen- und situationsspezifischen Merkmalen wird die Prototypentheorie von Rosch [Rosch 75], [Rosch et al. 76] und das Schemakonzept, das in der Psychologie 1932 von Bartlett eingeführt wurde [Sims & Gioia 86] verwendet. Das Schemakonzept ist weit verbreitet in der Cognitive Science und ist Basis für relevante Konzepte wie beispielsweise: Scripts [Schank & Abelson 77], [Schank 80], Memory Organization [Schank 82], [Kolodner 83], SRL-Schemata [Fox 83], [Fox 85].

2.3.2 Prototypen in der Verhaltenspsychologie

Die Prototypentheorie von Rosch geht davon aus, dass die reale Welt strukturiert ist: Sie enthält Objekte, die voneinander verschieden sind und Eigenschaften aufweisen, die mit unterschiedlicher Wahrscheinlichkeit und in Abhängigkeit zu anderen Eigenschaften auftreten. Der Mensch stellt Kategorien auf, um die endlos differenzierbare Realität auf kognitiv brauchbare Ausschnitte zu reduzieren. Eine Kategorie definiert Rosch als Menge von gleichartigen Elementen, eine Klassifikation als ein System, das Kategorien aufgrund von Generalisierungen zueinander in Beziehung setzt.

Basiskategorien

Die Kategorien, die innerhalb einer Klassifikation gebildet werden, liegen auf verschiedenen Abstraktionsstufen. Rosch hält fest, dass sich auf jeweils einer dieser Stufen die sogenannte Basiskategorie befindet. Diese zeichnet sich dadurch aus, dass ihre Objekte die beste Kombination von Allgemeinheit und Differenziertheit aufweisen, um die korrelierenden Strukturen der Realität zu erfassen. Mit anderen Worten, die Basiskategorie bietet bei kleinster Redundanz den grössten Informationsgehalt.

Beispiel: Tisch und Automobil sind Beispiele für Objekte aus der Basiskategorie einer Klassifikation. Die Anzahl von Merkmalen, die auf den Begriff Tisch zutreffen (Beine, gerade Fläche, fester Standort), nicht aber auf das Objekt Automobil, ist in der Basiskategorie am grössten. Weniger Merkmale lassen sich auf der nächsthöheren Stufe, bei den Objekten Möbelstück und Fahrzeug finden. Objekte von Unterkategorien (z.B. Küchentisch, Schreibtisch, Nierentisch resp. Minibus, Sportwagen, Jeep) besitzen hingegen viele überlappende Merkmale und liefern redundante Information.

Die Objekte der Basiskategorie lassen sich folgendermassen beschreiben:
- Sie besitzen eine signifikante Anzahl von gemeinsam auftretenden Merkmalen.
- Sie erzeugen bei Personen jeweils eine ähnliche Sequenz von Verhaltensweisen (ähnliche Verhaltensprogramme), wenn auf sie Bezug genommen wird oder sie mit anderen Objekten interagieren.
- Sie haben vergleichbare Form und Struktur.
- Sie können identifiziert, d.h. einer Kategorie zugeordnet werden. Diese Identifikation geschieht aufgrund einer Orientierung am Durchschnittsobjekt dieser Kategorie.

Kognitive Kategorien

Aus dem Konzept der Basiskategorie leitet Rosch verschiedene Erkenntnisse ab: einerseits in bezug auf die kognitive Repräsentation von Kategorien, anderseits auf die Wahrnehmung und Entwicklung von Kategorien. Ihre Theorie gründet auf Untersuchungen an konkreten Objekten. Nicht alle Aussagen treffen deshalb auch auf abstrakte Objekte zu; beispielsweise lassen sich bei abstrakten Objekten meist keine Schlüsse ziehen zwischen der Form eines Objektes und den dazu adäquaten Verhaltensweisen im Umgang mit diesem Objekt.

Beispiel: Die physische Beschaffenheit einer Banknote sagt nichts über die Art ihrer Verwendung aus, ein Stuhl hingegen postuliert ein bestimmtes Verhalten, nämlich dasjenige des Sich-setzens.

Rosch stellt die Frage, inwiefern Strukturen gegeben sind oder erst durch die Wahrnehmung des Beobachters erzeugt werden. Einerseits ist die Wahrnehmung von in der Realität vorkommenden Objekten und Eigenschaften artspezifisch. Anderseits gibt es - ausgehend von der Annahme, dass eine Anzahl von realen, miteinander korrelierender Eigenschaften von Objekten in der Realität existiert und wahrgenommen werden kann - verschiedene Faktoren, die bewirken, dass der Wissensstand eines Individuums von dem, was potentiell wahrnehmbar wäre, differiert. Das Individuum kann:

- gewisse Eigenschaften von Objekten ignorieren oder diese Eigenschaften zwar wahrnehmen, jedoch ihre Korrelation übersehen,
- die Eigenschaften und ihre korrelative Struktur erkennen, diese Struktur jedoch überschätzen und eine Teilkorrelation als vollständige Korrelation auslegen.

Der dritte Fall, dass nämlich ein Individuum Eigenschaften miteinander korreliert, die in der Realität voneinander unabhängig sind, schliesst Rosch aus. Bereits Rapoport verwies jedoch auf die Tatsache, dass im Gegensatz zur physischen Realität, die sich nicht verändern lässt, wie auch immer sie wahrgenommen und erlebt wird, die "soziale" Realität die Tendenz zeigt, so zu werden wie sie gedacht und beschrieben wird [Rapoport 78]. Soziale Strukturen werden durch die Art ihrer Perzeption verändert, weil sie mit und durch das Verhalten von Individuen erst entstehen.

Kognitive Kodierung der Realität

Die Überstrukturierung der Realität und die Auslegung von Teilkorrelationen als vollständige Korrelationen dienen der Meisterung von Komplexität. Rosch bezeichnet diesen Mechanismus als kognitive Kodierung der Realität: Es wird ein Prototyp erstellt, der in sich die charakteristischen Haupteigenschaften einer Kategorie vereint. Durch die Bildung von Prototypen können Kategorien diskretisiert werden, auch wenn nur Teilkorrelationen oder kontinuierliche Eigenschaften auftreten. "Matching to a prototype in categorization would allow humans to make use of their knowledge of the contingency structure of the environment without the laborious process of computing and summing the validities of individual cues" (Rosch & Mervis 1975, zitiert in [Rosch et al. 76]).

Prototypen und Basiskategorien scheinen denselben Prinzipien zu folgen:
- Kategorien bilden maximale Mengen von informationsreichen Merkmalen, die in der Realität auftreten.
- Prototypen formen die maximale Menge von informationsreichen Merkmalen innerhalb einer Kategorie.

Das der Kategorienbildung zugrundeliegene Prinzip beansprucht universelle Gültigkeit: Eine Kategorie zeichnet sich durch maximale Differenzierbarkeit bezüglich anderer Kategorien aus. Dieses Prinzip ist in der Basiskategorie realisiert. Während spezielle Grundzüge (z.B. gemeinsame Bewegung oder Gestalt) sich auf konkrete Objekte beschränken, gilt das allgemeine Prinzip auch für andere Bereiche. So lassen sich

Schlüsse ziehen, wie Erfahrungen in einzelne Ereignisse segmentiert werden und wie sich Eindrucksbilder zusammensetzen.

2.3.3 Schemata in der Organisationspsychologie

Das Denken, das Erkennen und das daraus folgende Handeln in Organisationen bezeichnet Gioia als den Kern des "being organized" [Gioia 86]: Organisationen sind demnach Produkte von Gedanken und Handlungen ihrer Mitglieder. Die Frage, wie Leute in Organisationen über ihre Erfahrungen denken und in Verbindung mit ihren Gedanken agieren, führt zum Problem der Repräsentation von Gedanken, Erfahrungen und Erkenntnissen über Organisationen. Gioia verwendet den Begriff Schema und meint damit eine mentale Struktur, die dazu dient, Wissen zu organisieren. Ein Schema ist folglich eine Art zusammenhängendes Netz von Gedanken zu einem für den Schema-Eigentümer wichtigen Bereich. Die Information liegt im Schema in abstrahierter Form vor, d.h. es werden keine einzelnen Episoden festgehalten.

Eine erste Schema-Ausprägung ist die Kategorie: Eine Kategorie wird durch einen Prototyp repräsentiert, der die definierenden Charakteristika von Person und Situation umfasst. Der Prototyp wird verwendet, um Elemente, die seiner Kategorie angehören, mit den typischen Eigenschaften zu versehen. Den Elementen anderer Kategorien (mit anderen Person-Situation-Konstellationen) werden andere Eigenschaften zugewiesen. Fehlende Information kann somit durch typische, allerdings im speziellen Fall nicht unbedingt zutreffende Information, ergänzt werden. Die Verwendung von Kategorien-Schemata übernimmt einen Grossteil der kognitiven Arbeit, kann aber auch zu Fehlverhalten führen.

Eine zweite Ausprägung von Schema ist das Skript. Ein Skript beschreibt stereotype Situationsabläufe, d.h. typische Ereignissequenzen in einer bestimmten Situation (z.B. Ablauf eines Gespräches) und dient dem Verstehen und Ausführen von dynamischen Verhaltensmustern. Schank benutzt das Skript-Konzept bei der Untersuchung von Bedingungen für maschinelles Verstehen. "Scripts are a kind of key to connecting events together that do not connect by their superficial features but rather by the remembrance of their having been connected before" [Schank 80].

Zwei weitere Schematypen sind: Das Self-Schema mit Information über die eigene Person (z.B. Erscheinung, Verhalten) und das Personen-Schema, welches Eigenschaften und Verhalten speichert, die typischerweise einer bestimmten Klasse von Menschen oder einem Personentyp zugeschrieben werden können (z.B. Toleranz, Introvertiertheit). Das Schema-Konzept ist über das Kategorien-Schema mit der Prototypentheorie verbunden. Zusätzlich werden verschiedene Typen von Informationsansammlungen unterschieden; diese zeichnen sich u.a. durch ihren unterschiedlichen subjektiven Gehalt aus. Das Self-Schema beispielsweise bedarf keinerlei Legitimierung von aussen; beim Skript hingegen ist eine gemeinsame

Sichtweise implizit vorhanden. Kein Schema erhebt jedoch den Anspruch auf Objektivität.

2.3.4 Bedeutung der Theorien

Die hier kurz erläuterten, psychologischen Theorien verweisen einerseits auf relevante Interaktionsaspekte zwischen dem Agenten und seiner Umgebung und bieten anderseits Ansätze für die Repräsentation und die Verarbeitung von Interaktionen. Ein wesentlicher Aspekt bei der Modellierung von Interaktionen ist offenbar die starke Beziehung zwischen dem Eigenschaftsprofil des Agenten, dem gerade aktuellen Zustand der Umgebung und dem Verhalten des Agenten. Ausgehend von dieser Beziehung lässt sich ein Wahrnehmungsfilter konstruieren, der die Interaktionen zwischen Agent und Umgebung unter Berücksichtigung der jeweils aktuellen agenten- und situationsspezifischen Merkmale beschreibt und verarbeitet (detaillierte Erläuterungen folgen in Kapitel 4). Angeleitet von der Prototypentheorie wird versucht, typisches und häufig auftretendes Verhalten von Agenten in vergleichbaren Situationen zu erkennen und zu beschreiben. Analog zu den oben beschriebenen Schemata lassen sich für die Agenten Verhaltensmuster und Handlungsabläufe entwickeln.

Die Beziehung zwischen Psychologie und Künstlicher Intelligenz ist aber nicht einseitig. Wissensbasierte Techniken eröffnen für die Psychologie die Möglichkeit, eigene Hypothesen und Ansätze zu prüfen oder zu erforschen (z.B. organisationsspezifisches Verhalten, gebundene Rationalität, kognitive Verhaltensstile beim Entscheiden).

3 Konzepte und Werkzeuge für die Wissensrepräsentation

In verschiedenen Disziplinen der Informatik fand im Laufe der Zeit eine Schwerpunktsverschiebung von verarbeitungs-orientierten zu wissens-orientierten Ansätzen statt (z.B. bei Datenbanken, bei Programmiersprachen). Anforderungen, unter anderem an die Problemlösungsfähigkeit von Programmen, rückten das Problem der Wissensrepräsentation in den Vordergrund.

Wie bereits im zweiten Kapitel erwähnt, ist die Erstellung von Wissensmodellen und ihre spätere Nutzung für die Künstliche Intelligenz wie auch für die Simulation von zentraler Bedeutung. Künstliche Intelligenz beschäftigt sich seit langem intensiv mit den verschiedenen Aspekten von Wissen (z.B. Identifizierung und Erwerb von Wissen, Repräsentation und Gebrauch von Wissen im Problemlösungsprozess).

Verschiedene Arten von Wissensrepräsentation in KI-Modellen werden in diesem Kapitel vorgestellt. Danach wird für die formale Erfassung und Darstellung von Wissen das Konzept für ein Repräsentationssystem erarbeitet, wobei die semantischen Aspekte von Wissensrepräsentation im Vordergrund stehen. Als Quelle für die Beispiele in den folgenden Kapiteln dient die betriebliche Organisation, ohne damit jedoch die generellen Merkmale eines Agenten-Umgebungs-Modells einschränken zu wollen.

3.1 Orientierung am Objekt

Der Begriff Objekt bezeichnet im folgenden all jene (auch nicht dinglichen) Gegenstände, die für den Menschen in der Realität (oder in der Welt der Vorstellung) von Bedeutung sind und worüber Aussagen oder Hypothesen formuliert werden. Am Objekt - in dieser allgemeinen Form - orientiert sich das menschliche Denken und Verhalten; diese Annahme wird durch die Tatsache erhärtet, dass die Erfassung eines Problems wesentlich erleichtert wird, wenn ein objekt-orientierter Beschreibungsansatz gewählt werden kann.

Objekt-orientierte Konzepte haben in der Informatik in den letzten Jahren stark an Bedeutung gewonnen. Sie fliessen in die Entwicklung von Programmiersprachen und Informatikwerkzeugen und konkurrieren erfolgreich herkömmliche Techniken.

3.1.1 Objekt-orientierte Ansätze in der Simulation

Die Erkenntnis, dass sich ein Problem mit einem objekt-orientierten Ansatz oft leichter erfassen lässt, ist allerdings den Simulationstheoretikern nicht neu; bereits in den 60er Jahren wurde nämlich mit der Sprache SIMULA ein objekt-orientiertes Werkzeug geschaffen, um diskrete Systeme zu beschreiben und zu simulieren [Bauknecht et al. 76], [Kulla 79]. SIMULA ist auf ALGOL aufgebaut, kennt jedoch neben den Sprachelementen von ALGOL die folgenden vier zusätzlichen Konstrukte: Aktivität, Prozess, Menge und Ablaufsteuerung. Im Zentrum steht der Prozess; er wird dargestellt durch eine Datenstruktur, die einerseits beschreibende Attribute, anderseits Operationsregeln oder "Spielregeln" beinhaltet. Ereigniszeiten und Hinweise auf entsprechende Prozesse werden in einer Ablaufsteuerung festgehalten. Das Mengen-konstrukt ermöglicht, die Prozesse in verschiedene Gruppen aufzuteilen und somit semantisch zu ordnen.

Die Konzepte von SIMULA finden sich erwartungsgemäss auch in der Künstlichen Intelligenz; dort wurden sie allerdings im Laufe der Entwicklung erweitert und mit neuen Forschungsresultaten (v.a. im Bereich Wissensrepräsentation) verbunden.

3.1.2 Objekt-orientierte Ansätze in der Künstlichen Intelligenz

Das Interesse der Künstlichen Intelligenz am objekt-orientierten Ansatz gründet auf dessen Parallele zur intuitiven, menschlichen Art des Denkens [Klahr & Waterman 86]. Die objekt-orientierte Sichtweise erlaubt beispielsweise, ein System durch die Charakterisierung seiner Komponenten zu beschreiben und seine Struktur nach inhaltlichen Kriterien aufzubauen.

Grundelemente der objekt-orientierten Programmierung sind Objekte, die durch die Menge derjenigen Aktionen charakterisiert sind, die sie selber ausführen und die sie bei anderen Objekten auslösen. Sämtliche relevanten Komponenten eines realen Systems werden im modellierten System als Objekte repräsentiert, wobei die Wahl der Abstraktionsebene vom Forschungsziel abhängt. Für jedes Objekt und für beliebige Situationen kann die entsprechende Handlung bzw. das typische Verhalten spezifiziert werden. Dieses Verhalten widerspiegelt die Art und Weise, wie Objekte auf verschiedene Informationen oder Kräfte der realen Welt reagieren. Programmspezifikationen werden lokal - nämlich beim Objekt selbst - angehängt; dies trägt der Tatsache Rechnung, dass Objekte in der realen Welt über verschiedene und teilweise sehr unterschiedliche Verhaltenseigenschaften verfügen. Bei einer Repräsentationsform, die nicht objekt-orientiert ist, sondern beispielsweise funktions-orientiert, ist das Darstellen von individuell differenziertem Verhalten mit wesentlich mehr Aufwand verbunden. Die objekt-bezogene Sichtweise unterstützt das modulare Entwerfen von Systemen und erhöht entsprechend den Einblick in die Dynamik des Systems.

Semantische Netze und Frames sind zwei Wissensrepräsentationsformen in der Künstlichen Intelligenz, welche die objekt-orientierte Sichtweise unterstützen. Eine weitere Form ist die regelbasierte Darstellung, die der menschlichen Ausdrucksart nahesteht, durch die Beschreibung von Sachverhalten mit Hilfe von "Wenn-dann"-Verknüpfungen. Die folgenden Ausführungen stützen sich auf verschiedene Quellen, wobei lehrbuchartige Zusammenfassungen wie beispielsweise [Harmon & King 85], [Retti 86], [Rich 83], [Waterman 85], [Winston 84] eine eindeutige Zuordnung teilweise erschweren.

3.2 Wissensrepräsentationsformen in der Künstlichen Intelligenz

Die ersten Ansätze, "Wissen" explizit in Computerprogrammen darzustellen, fanden sich in der Listenverarbeitung: Entitäten und ihre beschreibenden Merkmale wurden in Form von Listen dargestellt. Verbunden mit dem Lambda-Kalkül bildeten solche Beschreibungslisten die Basis für LISP, eine Programmiersprache, die noch heute eine der ganz wichtigen "Muttersprachen" im KI-Bereich ist [Winston & Horn 84].

Viele Anwendungen in der Künstlichen Intelligenz (z.B. Sprachübersetzungen) brachten nicht den gewünschten Erfolg, weil es nicht gelang, die einem Konzept zugrundeliegende Bedeutung (die Semantik des Wissens) im System darzustellen; diesem Umstand Rechnung tragend, verlagerte sich das Forschungsgewicht von der Syntax auf die Semantik.

3.2.1 Semantische Netze

Der Begriff semantisches Netz erschien erstmals 1966 bei Quillian (zitiert in [Fox 85]) und steht für die Darstellung eines Konzeptes in Form eines Netzwerkes. Ursprünglich wurde diese Darstellungsform bei psychologischen Modellen (für das menschliche Gedächtnis) verwendet; heute gehören semantische Netze zu den Standard-Wissensrepräsentationsformen der Künstlichen Intelligenz und lassen sich insbesondere mit der Sprache LISP bequem formulieren. Ein semantisches Netz besteht aus Knoten und Knotenverbindungen. Die Knoten stellen Objekte dar, die Verbindungen entsprechen den Beziehungen zwischen den Objekten.

Die netzwerkartige Darstellungsform ist nicht neu, neu ist jedoch die Bedeutung der Knotenverbindungen: Die Einführung von IS-A-Verbindungen ermöglicht eine Klassifikation der Konzeptknoten in Objektklassen und -unterklassen (Generalisierung resp. Spezialisierung) sowie in Objektklassen und -vorkommen. Die PART-OF- resp. HAS-PART-Verbindung bildet Teilbeziehungen und Strukturen ab.

Semantische Netze eignen sich zur Darstellung all jener Problembereiche, die selber klassifikatorische Strukturen aufweisen. Das folgende Beispiel (Figur 3.1) stammt aus der Organisationswelt .

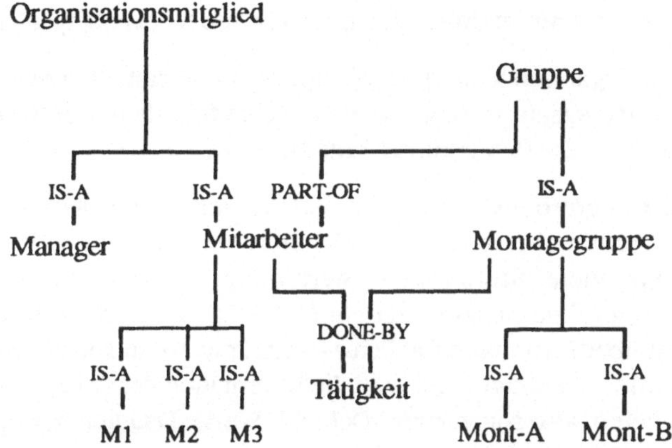

Figur 3.1: Netzwerkdarstellung einer Organisation

Die Struktur von semantischen Netzen erlaubt, Wissen im System automatisch zu verbreiten. Mit einfachen Inferenzprozeduren lassen sich Eigenschaften von Objekten auf andere (im Verband tiefer stehende) Objekte "vererben". Die Vererbung von Eigenschaften läuft entlang den Beziehungen zwischen den Objekten. Die Wirkungstiefe der Vererbung (Anzahl Vererbungsstufen) ist praktisch beliebig Auch mehrfache Vererbung ist möglich, falls die Objekte nicht streng hierarchisch, sondern in einem Verband organisiert sind. Dank dieser Inferenzprozeduren lässt sich Redundanz vermeiden: Die Eigenschaften, die ein Objekt charakterisieren werden jeweils nur einmal, nämlich auf der obersten zulässigen Generalisierungsstufe eingetragen.

Beispiel: Montagegruppe ist eine Unterklasse von Gruppe. Automatisch werden die charakteristischen Eigenschaften von Gruppe: Namen der Gruppenmitglieder, Anzahl Gruppenmitglieder, Arbeitsbereich, Werkschicht, etc. zu Eigenschaften der Montagegruppe. Die individuelle Montagegruppe Mont-A, ein Vorkommen der Klasse Montagegruppe, erbt ihrerseits die Eigenschaften der Montagegruppe.

Soll detaillierte Information verfügbar sein, fügt man sie auf derjenigen Stufe ein, auf der die gewünschte Objektklasse (oder auch das individuelle Objekt) sich befindet.

Beispiel: Der Mitarbeiter einer Firma gehört einer (Arbeits-)Gruppe an. Dieses Merkmal
gilt nicht für die Oberklasse Organisationsmitglied, also wird die Gruppenzugehörigkeit auf der Stufe Mitarbeiter eingefügt. Die hierarchisch unterhalb der
Mitarbeiter liegenden Objektklassen und Objektvorkommen (z.B. die individuellen
Mitarbeiter) erben - falls nicht anders festgelegt - das Merkmal Gruppenzugehörigkeit. Die anderen Unterklassen von Organisationsmitglied (z.B. Manager) liegen
nicht auf dem Vererbungspfad und erben dieses Merkmal deshalb nicht.

Die Vererbung gilt für sämtliche Objekteigenschaften, auch für Verhaltensmerkmale. Das
folgende Beispiel zeigt, dass mit einem Vererbungsmechanismus Schlussfolgerungen
gezogen werden, die unserer intuitiven Alltagsdenkweise nicht entgegenlaufen.

Beispiel: Wird den Organisationsmitgliedern insgesamt unterstellt, dass ihre Produktivität nach der Mittagspause sich jeweils für eine Stunde um 30% reduziert, dann
trifft dies auch auf die (Unterklasse) Mitarbeiter zu.

Die Inferenz der Vererbung lässt sich auf verschiedene Arten kontrollieren;
Vererbungspfade können beispielsweise blockiert werden, d.h. es kann spezifiziert
werden, über wie viele Stufen eine Vererbung laufen soll. Sind anderseits
Verhaltensweisen und Eigenschaften für ein Objekt spezifiziert, so besitzen diese im
Regelfall Priorität über Information höherer Ebene; nur wenn spezifische Information
fehlt, im Modell jedoch benötigt wird, wird die Information der Oberklassen verwendet.
Die Oberklassen liefern also sogenannte "Default"-Werte. Dadurch wird garantiert, dass
die Verarbeitung im Modell nicht unterbrochen werden muss, wenn Details (noch) nicht
spezifiziert wurden. (In [Brewka et al. 84] werden die von den Software-Paketen KEE
und Loops angebotenen Vererbungsstrategien beschrieben).

Semantische Netze verfügen im Unterschied zu einigen Repräsentationsformen mit
Logik (z.B. Prädikatenlogik) über keine einheitliche Semantik. Die Meinungen darüber,
was ein semantisches Netz sein soll und wie die Knoten und Beziehungen zu
interpretieren sind, gehen auseinander. Die Struktur eines Knoten im semantischen Netz
kann beispielsweise eine Frame-Struktur sein; der folgende Abschnitt beschreibt diese
weitere Form der Wissensrepräsentation.

3.2.2 Frames

Ursprünglich führte Minski den Begriff des Frame (Rahmen, Gestell, Anordnung) ein,
um den Ablauf (reasoning) in situations-analysierenden Systemen semantisch zu
steuern. Die auf seinem Konzept aufbauenden Arbeiten konzentrieren sich jedoch vor
allem auf die strukturellen Aspekte der Darstellung. Als Weiterentwicklung der
Merkmalslisten von LISP bieten die Frames eine Datenstruktur an, die im
Problembereich relevanten Objekte, Konzepte, Ereignisse oder Situationen darzustellen.

"A frame is a data-structure for representing a stereotyped situation, like being in a certain kind of living room, or going to a child's birthday party. Attached to each frame are several kinds of information. Some of this information is about how to use the frame. Some is about what one can expect to happen next. Some is about what to do if these expectations are not confirmed" [Minski 75].

Charakteristisch für Frames und andere strukturierte Beschreibungsansätze ist die möglichst identische Notation für Beschreibungsobjekte unterschiedlicher Art, also beispielsweise Objektklassen und -vorkommen [Fikes & Kehler 85].

Jedes Frame besteht aus einer Menge von Slots. Ein Slot besitzt mehrere Felder, welche Informationen über das Objekt enthalten, das mit dem Frame dargestellt wird. Slots besitzen mehrere Funktionen: sie dokumentieren das Frame (z.B. Angaben über seine Erstellung, seine Zugehörigkeit zur Wissensbasis), sie verbinden das Frame mit anderen Frames im Netzwerk (Lokalisierung) und sie definieren ihre eigene Semantik und diejenige ihrer Slotwerte. Folgende Merkmale sind für ein Slot charakteristisch:
- Jedes Slot besitzt einen oder mehrere Werte (single-valued oder multi-valued).
- Jedes Slot verfügt über eine Anzahl von Facetten (das sind Slots in den Slots), die das Slot näher beschreiben (vom Benutzer definiert) oder über den Gebrauch des Slot informieren (vom Frame-System vordefiniert). Beispiele für vordefinierte Facetten sind:
  Value-class (Angabe der zulässigen Wertklasse),
  MinCardinality und MaxCardinality (Mindest- bzw. Höchstzahl der Slotwerte),
  Vererbungsstrategie (Bedingungen für die Vererbung),
  Value (aktueller Slotwert).

Figur 3.2 zeigt exemplarisch das Frame Gruppenmitglied mit zwei Slots und den entsprechenden Facetten.

<table>
<tr><td colspan="2">Gruppenmitglied</td></tr>
<tr><td colspan="2">SLOT
Gruppenzugehörigkeit FROM Mitarbeiter</td></tr>
<tr><td>Inheritance</td><td>Override Value</td></tr>
<tr><td>Value Class</td><td>Montagegruppe</td></tr>
<tr><td>MinCardinality</td><td>1</td></tr>
<tr><td>MaxCardinality</td><td>1</td></tr>
<tr><td>Value</td><td>Mont-A</td></tr>
<tr><td>Comment</td><td>Ist Mitglied der Gruppe</td></tr>
<tr><td colspan="2">SLOT
Schicht FROM Gruppenmitglied</td></tr>
<tr><td>Inheritance</td><td>Override Value</td></tr>
<tr><td>Value Class</td><td>ONE.OF erste zweite</td></tr>
<tr><td>MinCardinality</td><td>1</td></tr>
<tr><td>MaxCardinality</td><td>1</td></tr>
<tr><td>Value</td><td>erste</td></tr>
<tr><td>Comment</td><td>Schichtzuteilung</td></tr>
</table>

Figur 3.2: Ausschnitt aus dem Frame Gruppenmitglied

Das Frame in der kognitiven Modellierung

Frames entstanden auf dem Hintergrund psychologischer Theorien und eignen sich deshalb idealerweise als Werkzeug für die Implementation von psychologischen Konzepten. Bevor Personen ein spezifisches Objekt oder eine Situation näher kennenlernen, besitzen sie oft bereits Vorstellungen über Merkmale, Eigenschaften und Verhaltensweisen, die auf dieses Vorkommen zutreffen. Die Prototypen- und Schema-Theorie sieht die Erklärung in der Tatsache, dass Personen die Fähigkeit besitzen, die reale Welt oder Teile davon effizient in Kategorien einzuordnen und später - wenn nötig - ihr Wissen durch die Orientierung am Prototyp dieser Kategorie ergänzen. Mit Hilfe von Frames können Objekte und Objektklassen auf eine anschauliche und der menschlichen Denkart vertraute Weise deklariert werden.

Wissensverarbeitung mit Frames

Die Slots und die Daten, die in den Frameslots stehen, stellen faktisches Wissen dar, d.h. den Daten wird durch die interne Framestruktur eine Bedeutung gegeben. Nicht bestimmt ist zu diesem Zeitpunkt, wie einerseits das repräsentierte Objekt funktioniert, d.h. reagiert und agiert, wenn auf seine Eigenschaften Bezug genommen wird (z.B. wenn Slotwerte aufgerufen, überschrieben oder gelöscht werden) und wie anderseits das Objekt mit anderen Objekten im Netzwerk interagiert.

Beispiel: Steht man vor einem Kaffee-Automaten, der verschieden beschriftete Tasten und einen Schlitz für den Münzeinwurf besitzt, dann interessiert, was passieren wird, wenn Münzen in den Schlitz geworfen und bestimmte Tasten gewählt werden. Damit ein Automat erwartungsgerecht funktionieren kann, müssen die ihm eigenen Verhaltenssequenzen exakt definiert und spezifiziert werden können. Zudem ist ein Mechanismus nötig, der die entsprechenden Funktionen ausführt.

Analog verhält es sich mit den Frames in einem Computermodell. Neben den beschreibenden Merkmalen bedarf es Spezifikationen, die angeben, wie sich das mit dem Frame dargestellte Objekt unter verschiedenen Bedingungen verhält und auf welche Weise es agieren soll. Objektverhalten kann meist nicht vollständig deklarativ beschreiben werden. Typisch für eine deklarative Darstellung ist die Unabhängigkeit zwischen dem repräsentierten Wissen und den Methoden zur Anwendung des Wissens. Auf einer statischen Wissensbasis, in der die Elemente des betrachteten Realitätsausschnittes (z.B. Objekte, Ereignisse), die Beziehungen zwischen den Elementen sowie die Zustände dieser Elemente gespeichert sind, operiert ein aktiver Verarbeitungsmechanismus, der selbst kein Wissen enthält und daher auch vom speziellen Inhalt der Wissensbasis unabhängig ist. Für die Modellierung von speziellen Aufgaben ist diese wissens-unabhängige Verarbeitung oft nicht geeignet, d.h. manchmal ist man gezwungen, prozedurale Elemente zu verwenden. Eine prozedurale Wissensrepräsentation verknüpft das Wissen mit seiner Anwendung, d.h. mit dem Zugriff auf Fakten und mit dem Ziehen von Schlussfolgerungen [Retti 86], [Barr & Feigenbaum 81].

Systeme, deren Wissensrepräsentation auf Frames basiert, bieten für die Verwaltung von - oft in LISP formuliertem - prozeduralem Wissen im allgemeinen zwei Konstruktionen an: Methoden und Dämonen. Methoden und Dämonen sind Prozeduren, die an die Slots angehängt werden und durch zusätzliche Inferenzprozeduren im System gesteuert werden.

Im ersten Fall (Methodenprozeduren) bleiben die Prozeduren inaktiv und werden nur ausgeführt, wenn sie explizit aufgerufen werden (von einem externen Benutzer oder von anderen Modellobjekten). Methoden sind das Grundelement, auf dem das "Message passing", das Senden und Empfangen von Meldungen, basiert. Dieser Mechanismus ist ein typisches Merkmal von objekt-orientierten Sprachen; er steuert den Austausch von Informationen zwischen den Objekten. Das "Message passing" entspricht dem in der realen Welt stattfindenden Kommunikationsprozess zwischen realen Objekten.

Damit ein modelliertes Objekt eine Meldung empfangen kann, muss seine Frame-repräsentation spezielle Slots besitzen, sogenannte "Message responder" Slots. Diesen "Message responder" Slots werden Methodenprozeduren angehängt, welche festlegen, wie das Objekt auf die empfangene Meldung reagieren soll. Die Prozedur kann verschiedene Aktionen auslösen (z.B. Eigenschaftswerte ändern oder Meldungen an andere Objekte schicken).

Beispiel: Mitarbeiter X erhält einen Auftrag, d.h. das Frame, das den Mitarbeiter X repräsentiert, besitzt ein "Message responder" Slot, das Meldungen von Typ Auftrag empfangen kann. Die an das Slot angehängte Methodenprozedur prüft, wer die Meldung geschickt hat. Kommt der Auftrag vom Vorgesetzten, wird er sofort ausgeführt (z.B. Rapport erstellen über die geleistete Stückzahl der letzten Woche). Kommt der Auftrag von einer Stabsstelle, wird der Mitarbeiter X seinen Vorgesetzten informieren; dadurch wird die Ausführung des Auftrages verzögert. Wurde die Meldung von einem Kollegen geschickt, dann wird der Auftrag erst ausgeführt, wenn keine anderen Aufgaben mehr anstehen.

Der Informationsaustausch zwischen den modellierten Objekten kann auf verschiedene Arten kontrolliert werden; grundsätzlich "versteht" ein Frame nur solche Meldungen für die ein entsprechendes "Message responder" Slot vorhanden ist. Zudem besteht die Möglichkeit, Kommunikationskanäle zu blockieren oder nur einseitig zur Benutzung freizugeben, d.h. Meldungen können allen Elementen einer Klasse zukommen oder nur denjenigen, die bestimmte Bedingungen erfüllen. Der Differenzierungsgrad bei der Beantwortung von Meldungen lässt sich bis auf die unterste Hierarchiestufe fortsetzen: Im Extremfall kann für jedes Objekt eine individuelle Reaktion beschrieben werden; das bedeutet, dass eine einzige Meldung eine Vielzahl von Reaktionen auslösen kann. Wie bereits erwähnt, werden auch "Message responder" Slots vererbt.

Im zweiten Fall (Dämonenprozeduren) geschieht die Ausführung automatisch, nämlich dann, wenn die Bedingungen, auf die ein Dämon angesetzt ist, erfüllt sind. Die Dämonen sind also kleine Kontrollprogramme (Inferenzprozeduren), die befähigt sind, aktiv ihr eigenes Programm aufzurufen. Wird beispielsweise ein Slotwert eingefügt oder verändert, dann sorgen die entsprechenden Dämonen dafür, dass ihre eigene Prozedur ausgeführt wird. Mit dem Konzept der Dämonen ist es möglich, Kettenreaktionen zu produzieren: Die Prozedur des ersten Dämons beinhaltet die Anweisung, den Wert eines anderen Slots zu verändern oder ihm weitere Werte hinzuzufügen. Bei der Ausführung dieser Anweisung wird der Dämon dieses zweiten Slots "geweckt" und dieser ruft nun seinerseits eine Prozedur auf. Es liegt auf der Hand, dass bei solchen Kettenreaktionen die Kontrolle über den Ablauf schnell verlorengehen kann.

Beispiel: Der Mitarbeiter X wird neuer Arbeitskollege von Y, d.h. dem Slot "Arbeitskollege" von Mitarbeiter Y wird der neue Wert X hinzugefügt. Ein Dämon fügt nun automatisch beim Slot "Arbeitskollege" des Mitarbeiters X, den Mitarbeiter Y hinzu. Da das Slot "Arbeitskollege" vom Mitarbeiter X aber auch einen Dämon besitzt (nämlich denselben), könnte man vermuten, dass dieser wiederum das Slot vom Mitarbeiter Y modifizieren will, der ganze Prozess von neuem beginnt und endlos weiterdreht. Um dies zu verhindern, wird eine Kontrolle vorgeschaltet, wobei geprüft wird, ob der neue Arbeitskollege bereits existiert und wenn ja, kein neuer Wert eingefügt wird. Damit wird garantiert, dass der Prozess auch wieder abbricht.

Neben semantischen Netzen und Frames ist eine weitere Technik für die Darstellung von Wissen bedeutend: der regelbasierte Ansatz. Er findet vor allem deshalb immer wieder Verwendung, weil er eine der Hauptfähigkeiten des Menschen anspricht, nämlich das Erkennen von Regeln aufgrund von wenigen, ja im Extremfall sogar einer einzigen Beobachtung. Allerdings darf hier nicht unterschlagen werden, dass dazu bereits mehr oder weniger viel Hintergrundswissen - auch Wissen, das selbst nicht in Regeln formulierbar ist - vorhanden sein muss. Einige Modellierungsumgebungen (z.B. KEE, Loops) unterstützen sowohl das Framekonzept wie auch die regelbasierte Darstellung. Die Regeln bieten eine modulare, leicht verständliche Darstellungsform für Ableitungsmechanismen an. Frames ihrerseits liefern eine reiche Struktursprache, um diejenigen Objekte zu beschreiben, auf die sich die Regeln beziehen. Frames werden zusätzlich verwendet, um die Regeln zu klassifizieren und zu organisieren.

3.2.3 Regelbasierte Darstellung

Der regelbasierte Ansatz [Feldman & Fitzgerald 85], [Barr & Feigenbaum 81], [Hayes-Roth 85] unterstreicht die Tendenz von KI-Techniken, die Beschreibung von realen Problemen und die Anleitungen zu ihrer Lösung der menschlichen Ausdrucksart näher zu bringen. In regelbasierten Systemen wird das zur Lösung von Problemen benötigte Wissen in Regeln formuliert. Die Wissensbasis solcher Systeme trennt typischerweise die Fakten von den Regeln, die das Wissen um die Verarbeitung von Fakten repräsentieren. Eine Regel stellt ein geordnetes Tripel (oder in verkürzter Form ein geordnetes Paar) dar, bestehend aus einem Situationsteil (den Prämissen), einem Folgerungsteil (den Deduktionen) und einem Aktionsteil. Der Situationsteil legt die Bedingungen für die Schlussfolgerungen und die Ausführung der Aktionen fest. Formal wird die Regel folgendermassen dargestellt:

IF Prämissen THEN Konklusionen DO Aktionen

Im Einzelfall kann der Deduktionssteil oder der Aktionsteil auch fehlen; man spricht dann von Aktionsregeln resp. Deduktionsregeln. Das Wissen in den Regeln unterscheidet sich grundsätzlich von den Fakten im System: Es ist dynamisch und bestimmt, wie die Fakten benutzt werden und was mit ihnen zu geschehen hat. Das mit Regeln dargestellte Wissen umfasst:

- Inferenzen, die aus spezifischen Beobachtungen folgen (z.B. wenn die Agenten bereits gemeinsam gearbeitet haben, dann ist das Auffinden von Verständigungs-ebenen einfach).
- Abstraktionen, Generalisierungen und Kategorisierungen aus gegebenen Fakten (z.B. wenn der Gruppensprecher im Projektausschuss sitzt und X ein Gruppensprecher ist, dann sitzt X im Projektausschuss).
- Notwendige und hinreichende Bedingungen zur Erreichung eines Zieles (z.B. wenn in allen Montagegruppen 10 Gruppenmitglieder sind, dann ist der Gruppen-bildungsprozess abgeschlossen).

- Heuristisches Wissen, Erfahrungswissen, experimentelles "Know-How" (z.B. wenn ein Mitarbeiter seine Qualifikation verbessert, dann erwartete er eine bessere Lohneinstufung).

Die Grundfunktion einer Regel ist das Produzieren eines Resultates: der Output kann die Antwort auf eine Frage, die Lösung zu einem Problem oder die Analyse gewisser Daten sein. Damit werden drei Typen von Wissen angesprochen, die in einem auf Regeln basierenden System verwendet werden

- deduktives Wissen (logische Relationen zur Unterstützung von Inferenz, Verifikation und Zielevaluation),
- ziel-orientiertes Wissen (Suche von Problemlösungen),
- kausales Wissen (Beziehungswissen).

Jede Regel stellt für sich ein eigenständiges Stück Wissen dar. Aufgrund der unabhängigen, modularen Darstellungsform kann die Wissensbasis jederzeit auf einfache Weise verfeinert und ergänzt werden - ganz problemlos ist dieser Vorgang allerdings nicht, denn das Einfügen einer neuen Regel kann beispielsweise bewirken, dass eine früher definierte Regel ungültig wird (non-monotonic reasoning). Die unabhängige, modulare Darstellung von Regeln verbessert zudem die Transparenz des Modellverhaltens. Einzelne Aktionen sowie die Glieder einer Aktionssequenz können detailliert inspiziert werden, Abläufe im Modell sind nachvollziehbar, "Navigationswege" erkennbar.

Die Regeln lassen sich jedoch in einem Modell häufig nicht global verwenden, denn sie hängen von vielen nicht-expliziten Annahmen einer speziellen, lokalen Umgebung ab. Die Gültigkeit der Regeln beruht also auf ihrer Verwendung im richtigen Kontext. Um den Wirkungsbereich zu kontrollieren und den Verarbeitungsmechanismus zu steuern, werden Regelhierarchien erstellt, wobei den Regeln auf tieferen Hierarchiestufen jeweils die Aufgabe zukommt, Situationen und Fakten für die ihnen übergeordneten Regeln zu evaluieren. Sind die Regeln zur Lösung eines Problemes oder zur Erreichung eines Zieles gegliedert, dann lässt sich der Navigationsprozess durch den Regelbaum mit Hilfe von verschiedenen Verfahren (z.B. depth first, breadth first) lenken.

Beispiel: In der Wurzel des (Regel-) Baumes steht die Regel: Wenn das Ziel lautet: Finde die Lösung, dann werden die Teilziele: Daten sammeln, Abstraktionen formulieren, Hypothesen aufstellen und Hypothesen verfeinern, weiterverfolgt. Jedes dieser Unterziele ist wiederum die Wurzel eines Baumes (eines Teilbaumes).

Die Syntax einer regelbasierten Programmiersprache zeigt Ähnlichkeit mit der natürlichen Sprache. In vielen Problembereichen lässt sich das relevante Wissen in Regeln formulieren und dort scheint die Regeldarstellung auch angemessen und sinnvoll. Die Wahl einer jeden Darstellungsform schränkt jedoch bereits den Blickwinkel auf den zu modellierenden Gegenstand ein und beeinflusst nicht nur den Modellierungsprozess, sondern auch - dies gilt vor allem für die Modellierung von sozialen Systemen - das Modell selbst und die Resultate, die damit erzielt werden.

3.3 Konzept einer Wissensrepräsentation

Aufbauend auf Forschungserkenntnissen im Bereich Wissensrepräsentation hat Fox ein Repräsentationskonzept für Decision Support Systeme entwickelt [Fox 85]. Kerngedanke ist die Gliederung von Wissen in verschiedene Schichten, wobei auf unteren Schichten die Syntax, auf oberen Schichten die Semantik definiert wird. Das Konzept von Fox erfasst die semantischen Aspekte von Wissen durch die Konstruktion von semantischen Primitiva, das sind Operationen, mit Hilfe derer die Semantik eines Problembereiches erfasst wird. Diese Primitiva operieren auf den konzeptionellen Grundeinheiten des Repräsentationssystems, die im folgenden beschrieben werden. Danach werden die semantischen Primitiva eingeführt und zwei Fragen genauer untersucht:

- Welches sind die semantischen Primitiva, die benötigt werden, um das für den Problembereich relevante Wissen zu formalisieren?
- Welche Eigenschaften besitzen diese semantischen Primitiva?

3.3.1 Konzeptionelle Grundeinheiten

Das Repräsentationssystem verfügt zur Abbildung eines Problembereiches über drei konzeptionelle Grundeinheiten:

- Das (physische oder abstrakte) Objekt, das ein durch Variablen und Konstanten charakterisiertes Subsystem ist.
- Der Zustand, der sich definiert durch die Beschreibung von Objekten des Systems und deren Manifestationen. Eine Manifestation ist eine zeitabhängige Objektbeschreibung, d.h. die Gültigkeit der Beschreibung ist zeitlich begrenzt.
- Die Aktion, die ein Objekt von einem Zustand in einen anderen transformiert.

Das Modellierungskonzept von Agent, Umgebung und Interaktionen zwischen Agent und Umgebung lässt sich bequem mit diesen konzeptionellen Grundeinheiten abbilden: Die dynamische Umgebung (z.B. eine betriebliche Organisation) befindet sich zu jedem Zeitpunkt in einem bestimmten Zustand; dieser beschreibt die zu eben diesem Zeitpunkt aktuell existenten Objektvorkommen, d.h. die Agenten und alle anderen konkreten und abstrakten Objekte. Der Zustand, in dem die Umgebung sich befindet, ändert sich im Laufe der Zeit. Die Transformation der Zustände wird durch Ereignisse eingeleitet. Ereignisse sind einerseits die Handlungen der Agenten, anderseits aber auch die durch Zeit- und Strukturbedingungen führenden Zustandsänderungen. Der Begriff Aktion impliziert hier - im Gegensatz zu Fox, der den Begriff weiter fasst - die Handlung eines Agenten; der Oberbegriff, der neben den Aktionen von Agenten auch alle anderen Operationen umfasst, die Zustandsveränderungen hervorrufen, ist das Ereignis.

Kognitive Aktivitäten wie Denken, Planen, Wahrnehmen und Entscheiden können beim Menschen auf verschiedenen Abstraktionsstufen stattfinden, je nach dem Zweck, der mit der betreffenden Aktivität verbunden ist. Ebenso lässt sich die Abstraktionsebene für die Repräsentation von Objekten, und damit von Zuständen und Aktionen des zu untersuchenden Gegenstandsbereiches, willkürlich wählen. Die Entscheidung, ob eine bestimmte Aktion im System als Einheit oder aber als eine Sequenz von einzelnen Aktionsschritten dargestellt wird, wobei diese dann als Einheiten behandelt werden, bestimmt den Aggregationsgrad des Darstellungskonzeptes.

Beispiel: Die Tätigkeit Motormontage setzt sich aus verschiedenen einzelnen Tätigkeiten zusammen; es mag jedoch - abhängig vom jeweiligen Rahmen der Untersuchung - genügen, Motormontage als eine einzelne, nicht weiter unterteilbare Tätigkeit aufzufassen.

Vorgreifend werden an dieser Stelle ein paar Bemerkungen zur Darstellung der Grundeinheiten im vorgestellten Repräsentationssystems gemacht. Für die Darstellung der Grundeinheiten werden basierend auf dem Framekonzept und vor allem auch im Hinblick auf die Implementation die folgenden zwei Konstrukte verwendet:
- Klasse: Beschreibung eines typischen Objektes aus einer Menge von Objekten, die unter einem bestimmten Oberbegriff zusammengefasst sind.
- Ausprägung: Beschreibung eines konkreten Objektvorkommens.

Beispiel: Die Mitarbeiter, die in einer Firma tätig sind, werden in der Objektklasse "Mitarbeiter" zusammengefasst. Der einzelne Mitarbeiter, d.h. das konkrete Objektvorkommen im Modell, ist in diesem Fall eine Ausprägung dieser Objektklasse.

Die Eigenschaften, die den Grundeinheiten zugeschrieben werden, sind die kontextspezifischen, bereichsabhängigen Eigenschaften der oben beschriebenen Klassen und Ausprägungen.

Beispiel: Die Gruppe als Menge von Agenten umfasst exemplarisch folgende Eigenschaften: Namen der Gruppenmitglieder, Anzahl Gruppenmitglieder, Arbeitsbereich, Werkschicht, Ausbildungsniveau. Die Objektklasse Mitarbeiter besitzt die Eigenschaften Alter, Ausbildung, Qualifikation, Gruppenzugehörigkeit etc.

Vervollständigt wird die Darstellung von Grundeinheiten durch die Beschreibung ihrer Beziehungs-Struktur (Teil-Ganzes-Beziehungen: is-part-of, has-part).

Beispiel: Ein Montagebereich in der Werkhalle umfasst vier Montageinseln mit je zwei Motorenständen. Die Montageinseln sind somit Teil des Montagebereiches, die Motorenstände sind ihrerseits Teile der Montageinsel.

3.3.2 Semantische Repräsentationsaspekte

Um die semantischen Repräsentationsaspekte zu erfassen, muss der betreffende Problembereich (resp. seine Charakteristik) bekannt sein. In Kapitel 1 wurden die wichtigsten Merkmale aufgezählt, über die ein potentielles Anwendungsgebiet verfügen muss. Ausgehend von diesen Merkmalen kann eine Anforderungsliste zusammengestellt werden, die ihrerseits erkennen lässt, welche Art von Wissen für das Repräsentations-system relevant ist und welche Wissenszusammenhänge, beispielsweise räumliche oder zeitliche Abhängigkeiten zwischen Objekten, existieren. Die Anforderungsliste, die sich aufgrund der Charakteristik des Problembereiches ergibt, umfasst folgende Punkte:

- Jedes Objekt soll für sich betrachtet werden können, d.h. seine Eigenschaften, die statische Beschreibung von Regeln und Prozeduren, die sein Verhalten bestimmen sowie sein dynamisches Verhalten während der Simulation, müssen gesondert von den übrigen Objekten im Modell beobachtet werden können. Das impliziert, dass die Information über ein simuliertes Objekt (Eigenschaften, Verhaltensmuster, Regeln) lokal beim Objekt selber definiert sind.
- Die Aktivitäten eines Objektes - beispielsweise die Entscheidungen, die ein Agent trifft und seine Reaktionen auf gewisse Situationen - müssen in einer verständlichen, modularen und leicht modifizierbaren Weise beschreibbar sein.
- Jeder Agent muss die "Fähigkeit" besitzen, sein eigenes Verhalten nach bestimmten Regeln zu steuern.
- Der Mechanismus zur Bestimmung und Bearbeitung von asynchronen Ereignissen muss eigenständig organisiert sein. Die Funktionsweise dieses Mechanismus soll garantieren, dass jeweils nur diejenigen Komponenten des Systems involviert sind, die vom Ereignis direkt oder indirekt betroffen sind.
- Die Beschreibung der Aktionen und Reaktionen von Objekten soll von der Beschreibung ihrer Merkmale getrennt sein. Beide Beschreibungen sollen aber denselben Formalismus benutzen, damit Ereignisse - unabhängig davon, ob sie nun durch Regeln gesteuertes Verhalten oder durch Modellzustandsänderungen hervorgerufen wurden - auf dieselbe Art und Weise abgearbeitet werden können.
- Prüfmechanismen müssen das Einhalten von Schwellenwerten gewährleisten und gleichzeitig Konflikte (z.B. verletzte Konsistenzbedingungen) aufdecken; die von den Prüfmechanismen gelieferte Information muss im Modell weiter verarbeitet werden können.

Im folgenden werden nun die wichtigsten semantischen Operatoren für den Problembereich definiert. Sie sind insbesondere für die Beschreibung der Interaktionen zwischen Agent und Umgebung notwendig, um beispielsweise - analog zur Realität - die Handlungen von Agenten auch semantisch zu definieren.

3.3.3 Primitiva des Wissensrepräsentationssystems

Für die explizite Darstellung von semantisch definierten Abhängigkeiten wie Zeit, Kausalität, Parallelismus von Ereignissen und Wiederholung von Aktionen werden semantische Primitiva verwendet. Die Darstellung dieser Primitiva in einem konkreten Modell hängt von der gewählten Abstraktionsebene ab; als konzeptionelle Konstrukte sind die im folgenden beschriebenen Primitiva jedoch nicht an eine bestimmten Abstraktionsebene gebunden.

Zeit

In vielen Systemen der Künstlichen Intelligenz (z.B. Expertensysteme) fehlt die Möglichkeit, zeitabhängige Beziehungen und den Ablauf von Zeit zu repräsentieren. Bestenfalls werden isolierte Zeitwörter wie "gestern" oder "heute" benutzt. Wie bereits erwähnt, ist dieser Umgang mit dem Begriff Zeit unrealistisch und für viele Problemstellungen ungenügend. Mit der Einbettung von wissensbasierten Systemen in eine eigenständige Umgebung wird der Faktor Zeit zu einer Grösse, die unabhängig vom eingebetteten System ändert. Zwei Zeitbegriffe werden unterschieden:

- Die absolute Zeit (rationale Konzeptualisierung), die durch einen Anfangs- und Endpunkt oder durch einen Anfangspunkt und eine Dauer bestimmt ist.
- Die relative Zeit (ordinale Konzeptualisierung), die als Zeitrelation (z.B. bevor, nach und während) definiert ist.

Der relative Zeitbegriff ist besonders vorteilhaft zur Darstellung von Normen, Richtlinien und Regelungen. Diese können beschrieben und mitsamt ihren zeitlichen Beziehungen erfasst werden, ohne dass konkrete Einzelfälle bereits berücksichtigt werden müssen.

Beispiel: Nach der Einarbeitungsphase muss die Produktivität der Montagegruppen eine bestimmte Höhe erreicht haben.

Zur Darstellung von (absoluter und relativer) Zeit gibt es verschiedene Vorschläge [Allen 83]. Fox spezifiziert die Zeitrelation durch die Angabe einer Zeiteinheit und einer Skala und definiert verschiedene Funktionen zur Manipulation von Zeit (z.B. Zeitpunkte addieren, Zeitpunkte subtrahieren). Er beschreibt 5 Zeitrelationenpaare (Zeitrelation plus inverse Relation): "bevor" und "nach", "während" und "schliesst-ein", "trifft" und "wird-getroffen", "überlappt" und "wird-überlappt", "gleichzeitig" (mit identischer inverser Funktion). Figur 3.3 veranschaulicht diese Zeitrelationen:

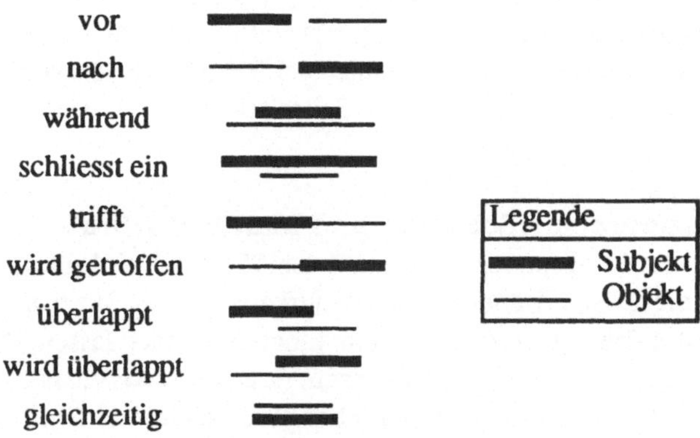

Figur 3.3: Zeitrelationen

Kausalität

Die Begriffe "Vorgänger" und "Nachfolger" in einer Sequenz von Zuständen oder Aktionen implizieren Kausalität. Wesentlich ist die Unterscheidung von zeitlichen und kausalen Abhängigkeiten, obwohl sie teilweise identisch scheinen: Eine Aktion wird zeitlich vor einer anderen ausgeführt, zusätzlich ist jedoch bei der kausalen Verknüpfung die Ausführung dieser Aktion Bedingung für die Ausführung der zweiten.

Beispiel: Der Gruppensprecher muss Anregungen aus der Gruppe mit seinem Vorgesetzten besprechen, bevor er sie dann im Projektausschuss der Werkleitung vorlegt. Wäre nur eine Zeitrelation gegeben, könnte der Gruppensprecher die Werkleitung informieren, ohne je mit dem Vorgesetzten gesprochen zu haben.

Kausalität wird - analog zur (relativen) Zeit - als Beziehung aufgefasst; ihr ist immer bereits eine (relative) Zeitordnung immanent, wobei je nach Art der Kausalität nur bestimmte Zeitrelationen zulässig sind. Da die Zeit in der Definition der Kausalbeziehung steckt, kann immer auch angegeben werden, wann eine kausale Beziehung zu wirken beginnt, d.h. wann eine Aktion einen Zustand herbeiführt und wann ein Zustand eine Aktion auslöst. Fünf kausale Beziehungen werden unterschieden:

- Die Beziehung "Verursacht" verbindet eine Aktion mit einem Zustand, d.h. die Ausführung der Aktion ruft einen bestimmten Zustand hervor. Die kausale Beziehung besteht aus einem Bedingungsteil und einem Folgerungsteil. Die Bedingung muss erfüllt sein, damit der Folgerungsteil (die Wirkung der Ursache) eintreffen kann. Die Beziehung "Verursacht" kennt folgende Zeitrelationen: vor, trifft, überlappt und schliesst-ein (vgl. Figur 3.3).
- Die Beziehung "Ermöglicht" verbindet einen Zustand mit einer Aktion. Hier beschränken sich die Zeitrelationen auf vor, trifft, überlappt und schliesst-ein.
- Die Beziehung "Zustandspaar" definiert zwei Zustände als in Beziehung zueinander stehend, wobei die Charakteristik der Verbindung offen bleibt. Mögliche Zeitrelationen sind: überlappt, schliesst-ein und gleichzeitig.

- Die Beziehung "Ursachengleichheit" legt fest, dass zwei Aktionen oder zwei Zustände äquivalent sind. Sie finden gleichzeitig statt resp. sind gleichzeitig gültig.
- Die Beziehung "Aktionspaar" ist ähnlich der Beziehung "Zustandspaar", verbindet aber zwei Aktionen miteinander. Die Zeitrelationen sind identisch mit denjenigen der Beziehung "Zustandspaar".

Zustände: Ressourcen-Allokation und Manifestation

Grundlegend für das Konzept der Aktion und der Aktions-Durchführung (oder generell für Ereignisse, die Zustandsänderungen bewirken) ist die Spezifikation derjenigen Ressourcen, die das Ereignis selbst überhaupt möglich werden lassen. Diese Ressourcen müssen bereits vor dem Ereignis verfügbar sein (z.B. neue Arbeitsplätze, Ausbildungsstand der Mitarbeiter oder das Verfügen über eine bestimmte Einflussposition). Die Organisationswelt muss - am Bestimmungsort des Ereignisses - konzeptionell in einem Zustand sein, der das Vorhandensein dieser Ressourcen garantiert und zwar vor dem Ereignis wie auch während der Durchführung des Ereignisses. Somit existiert dieser Zustand (in der Zeit) vor dem Ereignis; seine Existenz ermöglicht (Kausalität) die Ausführung resp. das Eintreffen des Ereignisses. Zur Bezeichnung des Primitivums wird der Begriff "Ressourcen-Allokation" gewählt. Ressourcen-Allokation wird als ein Zustand definiert. Das Primitivum wird näher charakterisiert durch die Angabe der Ressource selbst und durch die Angabe desjenigen Objektes, welches die Ressource benötigt.

Der Zustand Ressourcen-Allokation kann zusätzlich zeitabhängig definiert werden. Das ist dann nötig, wenn die Gültigkeit eines Zustandes auf eine bestimmte Zeitdauer beschränkt werden soll.

Beispiel: Der Mitarbeiter im Bereich Motormontage kann als Ressource im Arbeitsprozess aufgefasst werden. Als Teilzeitangestellter ist er allerdings nur 3 Tage pro Woche verfügbar. Der Zustand Ressourcen-Allokation-Mitarbeiter besagt, dass am Motorenstand die Ressource Mitarbeiter benötigt wird. Eine zeitabhängige Beschreibung dieses Mitarbeiters enthält zusätzlich den Verweis auf die Zeitrelation "gleichzeitig" mit dem Wert 3 Tage, d.h. dieser Mitarbeiter ist während drei Tagen für die Arbeit am Motorenstand verfügbar.

Manifestationen sind die zeitabhängigen Beschreibungen eines Objektes. Sie definieren den Zustand eines Objektes während einer bestimmten Zeitspanne. Die verschiedenen Manifestationen, die zu einem Objekt gehören können, liefern - zusammen mit der (zeitunabhängigen) Beschreibung des Objektes - die vollständige Objektbeschreibung.

Parallelismen

Ereignisse (Zustände und Aktionen) können parallel eintreffen. Da die Definition von Kausalität (z.B. die Beziehungen "Verursacht" oder "Ermöglicht") mehr als nur einen Folgezustand resp. eine Folgeaktion umfassen kann, bleibt die Interpretation einer solchen Beziehung zweideutig. Es ist unklar, ob einer, einige wenige oder alle Zustände eintreffen resp. Aktionen ausgeführt werden. Eine Repräsentation muss also nicht nur abbilden, was geschehen kann, sondern muss die Bedingungen für gemeinsames Geschehen miteinschliessen. Das Primitivum Parallelismus wird durch die Einführung von zusammengesetzten Zuständen definiert. Zusammengesetzte Zustände sind einfache, mit Operatoren (z.B. "und", "oder") verknüpfte Zustände.

Repetition

Das Konzept der Kausalität impliziert zwei weitere Primitiva: Diskretisierung und Kontinuität von Zuständen und Aktionen. Um diskrete oder kontinuierliche Zustände resp. Aktionen darzustellen, wird die Kausalbeziehung zwischen je zwei Zuständen resp. Aktionen explizit definiert. Jede solche einfache Kausalitätsbeziehung ist mit einer gültigen Zeitrelation versehen.

Beispiel: Bleibt ein Zustand während einer Aktionsausführung erhalten oder muss ein Zustand während der Dauer einer Aktion konstant bleiben, gilt für die Kausalitätsbeziehung, welche diesen Zustand mit der Aktion verbindet, entweder die Zeitrelation "gleichzeitig" oder die Zeitrelation "schliesst-ein".

Ein anderes Problem stellt sich bei der Wiederholung von Zuständen und Aktionen. Wie oft kann ein Zustand erneut eintreten oder eine Aktion sich wiederholen? Zumindest in der Realität ist die Anzahl von Wiederholungen oft durch technische oder soziale Bedingungen beschränkt.

Beispiel: Ein Vorgesetzter spricht einen Untergebenen auf dessen Unpünktlichkeit an. Nach dreimaliger Mahnung legt er dem Betroffenen die Kündigung nahe.

Beschränkungen bei der Wiederholung von Aktionen können formal auf zwei Arten festgelegt werden:
- Direkt bei der Definition der Aktion über den Merkmalswert Kardinalität. Dieser Merkmalswert memorisiert die Anzahl der Wiederholungen.
- Indirekt über die Zustandsbeschreibung. Bei der Definition des Zustandes wird das Merkmal "obere-Grenze" hinzugefügt. Der Merkmalswert (eine Zahl) legt fest, wie oft der durch eine Aktion hervorgerufene Zustand eintreffen darf resp. wie viele Manifestationen es von diesem Zustand geben kann. Die Vorhersage oder das tatsächliche Eintreffen eines Zustandes ist mit dem Zustand selbst über die Manifestationsbeziehungen verbunden (Figur 3.4).

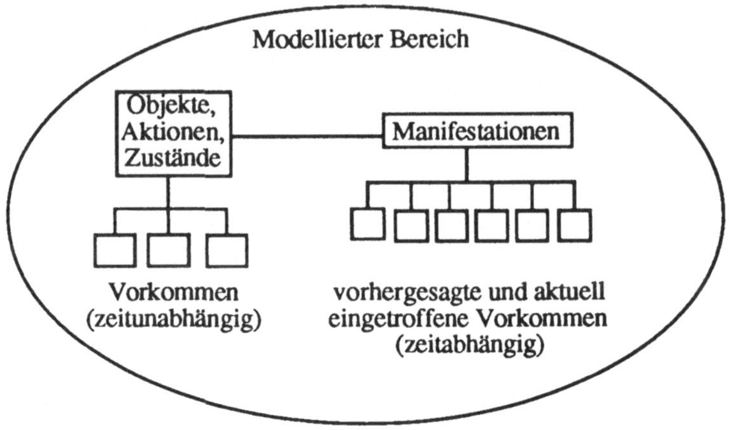

Modellierter Bereich

Objekte, Aktionen, Zustände — Manifestationen

Vorkommen
(zeitunabhängig)

vorhergesagte und aktuell
eingetroffene Vorkommen
(zeitabhängig)

Figur 3.4: Zeitabhängige und zeitunabhängige Darstellung

Ziel

Die Ausführung von Aktionen geschieht - zumindest bei menschlichen Akteuren - auf dem Hintergrund eines Planes (oder mehrerer Teilpläne). In einem modellierten System kann anstelle eines Planes ein entsprechender Algorithmus stehen. Der Motor hinter dem Plan, d.h. die Ursache für die plangerechte Ausführung von Aktionen ist das Ziel. Schank spannt in einer detaillierten Beschreibung den Bogen von Kausalität über Ereignissequenzen und Skripte bis zu Plänen und Zielen [Schank 80]. Ein Ziel steuert den Ablauf von Aktionen und wird bei der Wissensrepräsentation als Zustand definiert. Beim Job Shop Scheduling von Fox wird beispielsweise jeder eingehende Auftrag als Zielzustand aufgefasst, den es zu erfüllen gilt. Ein solcher Auftrag enthält verschiedene Parameter (z.B. Qualitätsvorschriften, Liefertermin), die den Zielzustand näher beschreiben [Fox 85].

Ziele sind in ihrer Gültigkeit zeitlich beschränkt. Der Zustand "Ziel" kann sich über die Zeit verändern, also beispielsweise abgelöst oder ersetzt werden. Zusätzlich zur Zeitangabe muss also dieser Zustand "Ziel" über ein Merkmal verfügen, das die Relevanz des Zieles für seinen Eigentümer definiert.

Beispiel: Das Ziel, seiner Leistung entsprechend entlohnt zu werden, nimmt für den Mitarbeiter an Bedeutung zu, je länger der Zustand "zu wenig Lohn" anhält.

Zukunft und Vergangenheit

Ausgehend vom Beispiel der Produktionsplanung definiert Fox zwei weitere Primitiva: Vergangenheit und Zukunft. Die Produktionsplanung, betrachtet als eine Reihe von Aktionen zur Erstellung eines Produktes, liefert eine Spezifizierung bzw. eine Vorhersage von Zustandssequenzen im Betrieb. Die Darstellung von Zuständen sollte folglich benutzt werden können, um vorauszusagen, wann ein Zustand eintreffen wird.

Umgekehrt wird von der Darstellung gefordert, dass auch historische Information gesammelt werden kann. Das System muss fähig sein, Zustände zu beschreiben, die in der Vergangenheit existent waren.

Die Spezifizierung der Zeit bei Zuständen und Aktionen erlaubt die Realisierung beider Konzepte (Vorhersage und Bestätigung). Mit jeder Zustandsbeschreibung kann ein Zeitintervall definiert werden; dieses sagt aus, wann dieser Zustand existiert hat bzw. sagt voraus, wann er existieren wird. Die Voraussage oder Bestätigung von Aktionen geschieht, indem das Konzept der Manifestationen (zeitabhängige Zustandsbeschreibungen) auf Aktionen ausgedehnt wird. Die Manifestation einer Aktion ist derjenige Zustand, der die Aktion als bereits ausgeführt oder als zukünftiges Ereignis beschreibt.

Im nächsten Abschnitt werden Werkzeuge vorgestellt, die eine Implementation dieses Wissensrepräsentationssystems erlauben. Moderne Werkzeuge in der Künstlichen Intelligenz wie KEE und Loops [Brewka et al. 84] zeigen die Tendenz, verschiedene Formen der Wissensrepräsentation in einem einzigen, baukastenähnlichen System zu integrieren; man spricht vom "Pluralismus" der Wissensrepräsentation. Solche Entwicklungsumgebungen bestechen durch ihre grosse Flexibilität, können diese jedoch nur durch ein Minimum an Strukturvorschriften garantieren. Das verpflichtet den Modellentwickler, ein klares Konzept für seine Problemstellung zu entwerfen und dieses auch konsequent zu verfolgen.

3.4   Werkzeuge

Kommerziell sind einige Werkzeuge resp. Werkzeugkasten verfügbar, mit denen die oben erwähnten Techniken der Künstlichen Intelligenz auf einem Computer implementiert werden können (z.B. objekt-orientierte Darstellung, Regelbasierte Darstellung, Vererbung von Eigenschaften, , "Message passing", etc.). Im folgenden werden die Software-Pakete KEE (Knowledge Engineering Environment) und SimKit (Simulation Kit) vorgestellt [KEE 85], [SimKit 86].

3.4.1 KEE (Knowledge Engineering Environment)

Als Toolbox im Bereich der Modellierung von KI-Systemen entspricht das Software-Paket KEE dem "State of the Art". Dem Entwickler bietet KEE eine komfortable Software-Umgebung für die Erstellung und das Testen von Problemlösungsprogrammen. Wissen über einen beliebigen Bereich wird in KEE in einer Wissensbasis in Form von Objekten und Regeln organisiert; unterstützt wird sowohl frame- als auch regelbasierte Wissensrepräsentation. Die Objekte repräsentieren entweder Klassen von Objekten oder individuelle Objekte (Objektvorkommen). Sie sind in einem Verband organisiert, wobei generelle, wenig spezifizierte Objekte in der Hierarchie weit oben, spezielle Objekte tendenziell weiter unten stehen.

Die Beschreibung von Objekteigenschaften (Slots) wird in KEE durch die Angabe von Meta-Informationen vervollständigt: Angaben bezüglich Wertklasse (Value Class), Slottyp (Type), Kardinalität (Cardinality) und Vererbungsstrategie (Inheritance Role) werden im Slot spezifiziert und durch das System automatisch verarbeitet. Die Slots von Klassen werden unterteilt in "Own Slots" und "Member Slots". Own Slots beschreiben die Klasse selber; Member Slots beschreiben jedes Element der Klasse. Methodenslots sind spezielle Slots, die als Wert einen Funktionsnamen, eine Funktionsdefinition oder eine Liste enthalten; diese Liste setzt sich zusammen aus dem LISP-Programmcode der Slotmethode und den vererbten Teilen der Funktionsdefinition. Die Methodenslots sind in objekt-orientierten Systemen Voraussetzung für das "Message passing", das Schicken und Empfangen von Meldungen zwischen den Objekten.

Eine wesentliche Eigenschaft des framebasierten Repräsentationsystems ist der Vererbungsmechanismus, der die Vererbung von Eigenschaften (Frameslots) im Objektverband erlaubt. Die Art und Weise der Vererbung wird im entsprechenden Slot festgelegt. Datengesteuertes Programmieren wird durch sogenannte "Active Values", das sind Dämonenprozeduren, unterstützt. Diese Prozeduren sind an Frameslots angehängt und überwachen den Slotwert: If-Added-Dämonen reagieren, wenn der Slotwert aufdatiert wird. Die Prozedur der If-Changed-Dämonen wird immer dann aufgerufen, wenn sich der Slotwert ändert, die If-Needed-Dämonen warten auf Dateneingabe vom Benutzer.

Die Systemwissensbasis "Active Images" unterstützt die graphische Repräsentation von KEE-Objekten. Manipulationen können direkt an der graphischen Darstellung vorgenommen werden, automatisch wird das entsprechende Objekt dadurch verändert. Durch das Anhängen von Regeln an Objektklassen und Objekte (Regeln können als Slotwerte spezifiziert werden) kann bei der Strukturierung der Wissensbasis ein hohes Mass an Modularität erreicht werden.

Die Regeln werden in KEE als eine Unterklasse der systemeigenen Klasse "Rulesystem" definiert; damit erben sie die nötigen Merkmale und Methodenslots. Für die Verarbeitung von Regeln bietet das KEE-System zwei Inferenzmechanismen (oder Interpreter) an:
- Forward chaining: Die linke Seite der Regel wird verglichen mit den Fakten in der Wissensbasis; bei Übereinstimmung wird die rechte Seite der Regel für die Folgerung benutzt).
- Backward chaining: Eine Hypothese wird von rechts nach links geprüft, d.h. ausgehend von der rechten Seite der Regel wird getestet, ob die Bedingungen auf der linken Seite erfüllt sind.

Mit der KEE-Komponente "TellandAsk" steht eine Sprache zur Verfügung um Fakten in die Wissensbasis einzugeben oder Abfragen zu formulieren. TellandAsk verwendet eine der natürlichen Sprache ähnliche Syntax.

Beispiel: "(the superior of (the members of group A) is Y)" bedeutet "Y ist der Vorgesetzte der Mitglieder der Gruppe A".

Will man nicht (oder nicht immer) die von KEE zur Modellierung der Objekte benützten Funktionen verwenden, können sämtliche Objekte auch mit allgemeinen LISP-Funktionen abgefragt, manipuliert, erzeugt oder gelöscht werden. In LISP werden auch alle Prozeduren (Methoden und Active Values) geschrieben. Bei der Formulierung von Regeln lassen sich TellandAsk-Ausdrücke mit LISP-Code mischen.

3.4.2 SimKit (Simulation Kit)

SimKit bietet für das in KEE erstellte Modell eine ereignis-orientierte Simulations-Schnittstelle an, um zeitabhängiges Modellverhalten zu analysieren. Die Simulation wird im hybriden (d.h.im wissensbasierten und simulationsfähigen) System als zusätzlicher Inferenzmechanismus integriert. Unterstützt von den übrigen wissensableitenden und wissensverarbeitenden Mechanismen erzeugt sie die Dynamik im Modell auf dem Hintergrund von Eigenschaften und Verhaltensweisen der einzelnen Modellobjekte.

Einem Modell, das mit KEE erstellt wurde, fehlt der Aspekt der Zeit. Mit SimKit lassen sich die Resultate (z.B. in Form von Statistiken) von früheren Zeitperioden als Einflussfaktoren im Modell weiter verarbeiten; gleichzeitig stellen diese Resultate auch Entscheidungshilfen für den Benutzer dar. Der modulare Aufbau von SimKit (die Objektklassen werden strikt von den Objektvorkommen getrennt) erlaubt überdies, verschiedene Modellausprägungen - basierend auf ein und derselben Objektklassen-menge - auszutesten. Figur 3.5 skizziert den Aufbau der Software-Schichten und die Beziehung zwischen dem in KEE konstruierten Modell und dem simulationsfähigen SimKit-Modell.

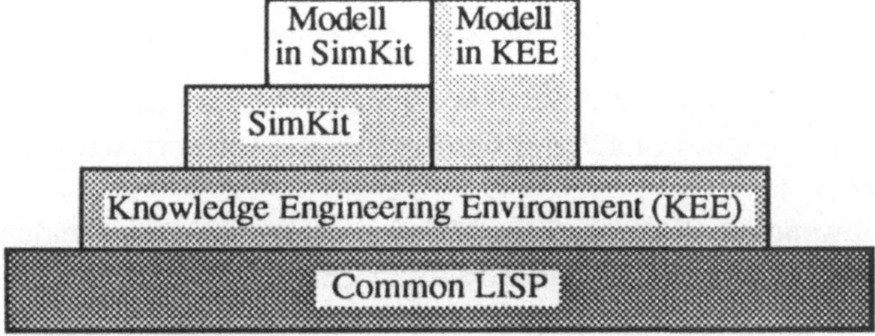

Figur 3.5: Einbettung der Schnittstelle von SimKit und KEE

Der diskreten, ereignis-orientierten Simulation sind bestimmte grundlegende Funktionen eigen, die von den meisten spezifischen Simulationssprachen (z.B. SIMULA, GPSS und SimScript und auch SimKit) unterstützt werden. Zu diesen Funktionen gehören beispielsweise die Verwaltung der Ereignisliste (und einige statistische Auswertungen über den Ablauf der Ereignisse), Zufallsgeneratoren mit Standardverteilungen und eventuell auch die Verwaltung der Warteschlangen, wobei folgende Warteschlangen-Konstrukte auftreten: Source, Sink, Queue, Component.

In ereignis-orientierten Simulationsmodellen ändert sich der Modellzustand immer dann, wenn ein Ereignis stattfindet. Die Simulationsuhr rückt automatisch auf das nächste Ereignis vor, d.h. auf den Zeitpunkt der nächsten Zustandsänderung. In der Zwischenzeit bleiben die Zustandsvariablen auf dem erreichten Niveau. Ein Ereignis fasst zusammen, was zu einem bestimmten Zeitpunkt zu geschehen hat. Jedes Ereignis wird in die Ereignisliste aufgenommen und besitzt mindestens zwei Merkmale: eine Zeitangabe und einen Ereignisort. Die Ereignisliste ist zeitlich geordnet. Der Simulator findet in der Liste das oberste Ereignis, setzt die Uhr auf die entsprechende Zeit, löscht den Eintrag in der Liste und führt das Ereignis aus.

Zu den wichtigsten Systemobjekten von SimKit gehören deshalb:
- eine Uhr, die den Verlauf der Zeit repräsentiert,
- ein Kalender, der die zukünftigen Ereignisse enthält,
- ein Simulator, der aufgrund der aktuellen Uhrzeit und den im Kalender festgehaltenen Ereigniszeitpunkten die Ereignisse abarbeitet.

In SimKit sind verschiedene Arten der Datenauswertung möglich. Als Objekte definiert, existieren im System sogenannte "Datenkollektoren" (Data Collectors); sie sammeln die über die Zeit anfallenden Slotwerte von Frames und liefern Informationen über das Verhalten des Modells während der Simulation. Die Datenkollektoren üben verschiedene Funktionen aus, beispielsweise zeigen sie an:
- wie oft ein Merkmal (ein Slot) einen bestimmten Wert oder Werte innerhalb eines bestimmten Bereiches angenommen hat,
- wie lange (während der gesamten Simulationszeit) ein Merkmal einen Wert oder Werte aus einem bestimmten Bereich besass,
- welche Durchschnittswerte, maximale oder minimale Werte auftreten,
- welche Verlaufskurve ein Merkmalswert aufweist.

Der Zeitpunkt des Datensammelns lässt sich willkürlich bestimmen:
- Die Geschichte eines Slotwertes wird jedesmal aufdatiert, wenn sich sein Wert verändert.
- Jedesmal wenn ein Slot vom Typ "Message responder" eine Meldung empfängt, werden die Argumente der Meldung aufgezeichnet.

Das Sammeln von Daten kann auch als Ereignis in den Kalender gestellt und zeitlich mit anderen Ereignissen verknüpft werden. Mit den Datenkollektoren kombiniert sind Filter- und Umformungsfunktionen: Filterfunktionen erlauben, die anfallende Datenmenge aufgrund verschiedener Kriterien zu selektieren. Ist der Datentyp das Selektions-kriterium, lässt sich die Auswahl auf numerische, nicht-numerische oder einer bestimmten Wertklasse zugeteilte Grössen beschränken (z.B. nur Mitarbeiter der Montagegruppe A). Die Umformungsfunktionen ihrerseits bieten eine weitere Kontrolle über die auszuwertenden Daten, indem sie von den aus den Slots gezogenen Werten nur jeweils den ersten, letzten oder einen gerundeten Wert an den Datenkollektor weitergeben oder gar nur die Anzahl der vorgefundenen Slotwerte.

Ebenfalls unterstützt wird die Erstellung indeterministischer Modelle. Speziell definierte Objekte, sogenannte "Generatoren" (Generators), bringen Variabilität ins Modell: Dem Slot eines Frames muss nicht ein fester Wert zugewiesen werden, sondern sein Wert kann bei Bedarf aus einer vom Generator erzeugten Menge von zulässigen Werten gezogen werden. Die Auswahl geschieht aufgrund einer vorgegebenen Wahrscheinlichkeits-verteilung. Mit Generatoren lassen sich pseudo-zufällige, d.h. für Testzwecke reproduzierbare, Wertsequenzen erzeugen. Analog zu Zeitreihen liefern diese die Eingabewerte zu den Slots über verschiedene Simulationsperioden. Die Wertsequenzen, die beliebig lang oder auch zyklisch sein können, erlauben, das Verhalten einer Variablen über die Zeit auf natürliche Weise zu beschreiben. Die Frage, wann ein Wert geändert werden muss, lässt sich dabei trennen von der Frage wie der nächste Wert bestimmt wird. Generatoren werden wie Methoden- und Dämonenprozeduren an die Frameslots angehängt. Im Vergleich zu diesen sind sie jedoch flexibler, denn ihre Aktivierung wird nicht bereits durch eine Änderung oder einem Zugriff auf den betreffenden Slotwert ausgelöst.

Ein anderes Charakteristikum von SimKit ist seine Animationsfähigkeit, welche dazu dient, die Abläufe im Modell bildlich darzustellen: Ein Graphikfenster auf dem Bildschirm repräsentiert ausgewählte Objekte sowie deren Beziehungsnetz (für die Objekte können mit einfacher Graphik Bilder oder Symbole erzeugt werden). Während der Simulation wird dann durch Hervorheben (Invertierung) der einzelnen Komponenten angezeigt, an welchen Stellen momentan Prozesse stattfinden.

4 Die simulierte Organisation

Der Bereich Organisationspsychologie bietet interessante Anwendungsmöglichkeiten für das dreiteilige Modellierungskonzept von Agent, Umgebung und Interaktionen zwischen Agent und Umgebung, das in den Kapiteln 2 und 3 theoretisch begründet wurde. Ausgangspunkt für die hier beschriebene Anwendung ist das Interesse an den Verhaltens- und Handlungskonzepten von Managern, ob und wie diese Konzepte im Organisationsalltag sich auswirken, was sie beeinflussen und bestimmen und wie sie sich verändern oder erneuern. Die betriebliche Organisation definiert somit die Umgebung, in die die Organisationsmitglieder eingebettet sind. Die Organisationsmitglieder werden als Agenten modelliert. Theorien aus der Psychologie und insbesondere aus der Organisationspsychologie unterstützen die Beschreibung von Interaktionen zwischen der Organisation und ihren Mitgliedern.

Ein Modell wird erstellt, das sogenannte Mitarbeiter-Organisations-Modell (MOMo); es umfasst mehrere Agenten (Manager und Mitarbeiter), die in eine Umgebung (in eine betriebliche Organisation) eingebettet sind. Die Funktionen des Managers können in diesem Modell entweder von einem Agenten ausgeführt werden, oder aber der Manager interagiert - in der Rolle eines externen Untersuchungspartners - direkt mit dem Mitarbeiter-Organisations-Modell.

4.1 Manager Beliefs

Am Lehrstuhl für Arbeits- und Organisationspsychologie der ETH Zürich wurde 1985 unter der Leitung von Dr. Felix Frei ein Projekt mit dem Namen MaBel (das Akronym steht für Manager Beliefs) definiert, dessen Forschungsgegenstand sogenannt Subjektive Organisationstheorien (SOT) von Managern waren. Subjektive Organisationstheorien sind die Annahmen und Wertungen, welche Manager resp. betriebliche Führungskräfte über das Wesen und Funktionieren von Organisationen treffen [Frei 85].

Die Bezeichnungen "Manager" und "Führungskraft" werden synonym verwendet und im vorliegenden Kontext folgendermassen pragmatisch eingegrenzt: Ein Manager ist ein betrieblicher Führungsträger, der kraft seines Handelns de facto Einfluss nimmt auf Arbeits- und Organisationsgestaltung.

Die Motivation für die Untersuchung von Subjektiven Organisationstheorien beruht auf der Tatsache, ". . . dass Menschen im Alltag auch ohne die wissenschaftliche Psychologie über mehr oder minder differenzierte psychologische Konzeptsysteme verfügen und in ihrem alltäglichen Lebensvollzug benutzen" [Dann 83]. In der wissenschaftlichen Psychologie werden diese nicht-wissenschaftlichen Konzeptsysteme als "subjektive Theorien" bezeichnet. Übertragen auf den beruflichen Alltag bedeutet das, dass Manager nicht ausschliesslich aufgrund ihnen vorliegender Daten und (in der Regel fremdbestimmter) Ziele handeln, sondern aufgrund von Handlungs-raumkonzepten, in die die organisatorischen und betrieblichen Daten und Ziele nicht unvermittelt, sondern "gebrochen" an dem eingehen, was sich "im Kopfe des Managers" bereits befindet. Dazu zählen Wissen und Könnensmuster, spezifische, positive und negative Valenzindizierungen und eventuell übergeordnete Motive und Bedürfnisse [Frei 85], [Frei 87].

4.1.1 Subjektive Organisationstheorien

Im Unterschied zu anderen - unspezifischeren oder inhaltlich anders spezifizierten - subjektiven Theorien, weist die Genese von Subjektiven Organisationstheorien einige Besonderheiten auf [Frei 85]. Exemplarisch werden drei Wesensmerkmale heraus-gegriffen :

- SOT erfahren im Unterschied zu anderen subjektiven Theorien insofern eine viel unmittelbarere Validierung, als sie sich oft wohl definierten Erfolgskriterien in der Praxis ausgesetzt sehen, was allerdings nicht zwangsläufig zu ihrer Modifikation führen muss.
- SOT werden nicht nur durch empirische Ereignisse beeinflusst, sondern sie beeinflussen diese auch ihrerseits: Vermittelt über Erwartungen bezüglich objektiver Ereignisfolgen in der Zukunft modifizieren sie heutiges Verhalten, welches seinerseits - über eine Art "feed-forward" - die tatsächlichen Ereignisfolgen wiederum affiziert.
- SOT von Managern stehen unter einem gezielten Einfluss von im populärwissenschaftlichen Bereich aktuell anerkannten - vielleicht auch nur modischen - Organisationstheorien.

Diese Charakteristika leisten nicht nur eine Abgrenzung zu anderen subjektiven Theorien, sie weisen zugleich auf die Notwendigkeit hin, die Untersuchung von SOT in einen Rahmen zu stellen, der sowohl das Subjekt der SOT (den SOT-Eigentümer), das Objekt der SOT (die direkt oder indirekt betroffenen Organisationsmitglieder) als auch den Ort ihrer Manifestation, die Organisation, einbezieht. Eine unmittelbare Validierung kann nur dann stattfinden, wenn die Analyse von SOT innerhalb der Organisationswelt angesetzt wird.

Wie bereits in Kapitel 2 ausgeführt, gibt es verschiedene Gründe, eine Umgebung zu simulieren. Oft möchte man ein dynamisches System verstehen können, ohne es tatsächlich manipulieren zu müssen - und gerade im Fall einer Analyse von Subjektiven Organisationstheorien, würden reale Experimente zwangsläufig den Untersuchungsgegenstand verändern.

4.1.2 Die Analyse Subjektiver Organisationstheorien

Die Analyse von Subjektiven Organisationstheorien lässt zwei mögliche Versionen zu: In der ersten Version werden die SOT eines Managers mit Hilfe von Interviews, Fragebogen, Beobachtung und Analyse von Fallstudien, etc. erhoben und in die Wissensbasis eines Manager-Agenten (ein wissensbasiertes System, das bestimmte "intelligente" Aktivitäten ausführt) gestellt. Diese Wissensbasis, zu Beginn klein und unvollständig, wird kontinuierlich durch die Aufnahme weiterer SOT erweitert und berichtigt, bis beim Vorlegen von Organisationsproblemen die Antworten des Agenten - idealerweise - mit denjenigen des Managers, von dem sie stammen, übereinstimmen. Differieren die Antworten, wird der Manager gebeten, Erklärungen zu seinem eigenen Gedankengang abzugeben, damit die notwendigen Ergänzungen und Präzisierungen oder eventuelle Korrekturen in der Wissensbasis vorgenommen werden können (Figur 4.1).

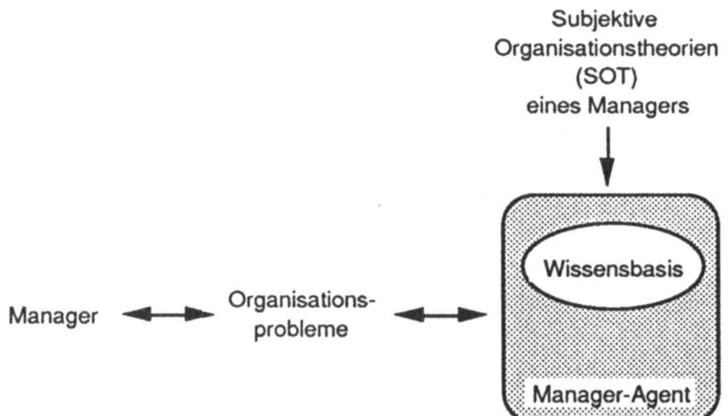

Figur 4.1: Erfasssung von Subjektiven Organisationstheorien

Um die Frage nach der Wirkung von SOT zu beantworten, wird der Manager-Agent als Teilkomponente in ein Mitarbeiter-Organisations-Modell eingebunden, das im folgenden detailliert beschrieben wird.

Figur 4.2 skizziert das Mitarbeiter-Organisations-Modell (Version 1). Modellextern stehen der reale Manager, dessen SOT in der Wissensbasis des Manager-Agenten aufgenommen wurden, und die Versuchsleitung, welche die Kontrolle über das gesamte Modell inne hat und gegebenenfalls bestimmte Rahmenbedingungen für das Modell anpasst oder ändert. Während der Simulation obliegt der Versuchsleitung beispielsweise die Verwaltung von exogenen Variablen und das Auslösen von organisationsexternen Ereignissen.

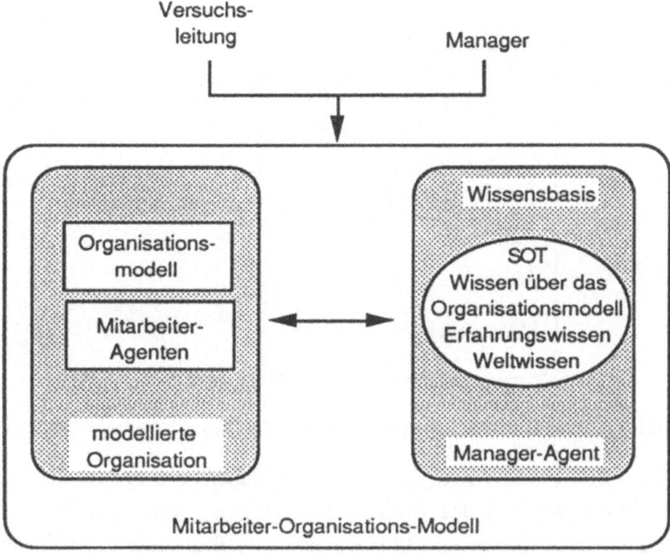

Figur 4.2: Das Mitarbeiter-Organisations-Modell

Der Agent verarbeitet die Ereignisse und Zustandsänderungen des Mitarbeiter-Organisations-Modells und agiert gemäss seinem "Wissen"; dazu muss die Wissensbasis des Agenten neben den SOT des befragten Managers auch allgemeines Wissen über Unternehmung und Betrieb sowie Daten über die modellierte Organisation selbst enthalten.

Die vom Manager-Agenten generierten Handlungsanweisungen erfahren durch deren Einbettung in ein Mitarbeiter-Organisations-Modell eine Art Validierung. Über eine gewisse Zeitspanne (mehrere Simulationsperioden) wird nämlich "gemessen", wie sich die SOT - resp. ihre Manifestation - im modellierten Organisationsalltag bewähren. Eine solche dynamische Analyse bleibt in ihrer Aussagekraft jedoch beschränkt, falls die untersuchten Subjektiven Organisationstheorien nur von einer einzigen Person stammen. Um das Konstrukt der SOT strukturell zu erfassen und beispielsweise auf Muster hin zu untersuchen, die verschiedenen Personen gemeinsam sind, müssen Experimente mit verschiedenen Managern durchgeführt werden.

In der zweiten Version wird der Manager nicht durch einen Agenten simuliert, sondern interagiert direkt mit der modellierten Organisation via die sogenannte UP-Figur, ein zusätzliches Modellobjekt (Figur 4.3). Diese zweite Version ist deshalb leichter zu modellieren, als die Frage nach der geeigneten Repräsentation von Subjektiven Organisationstheorien entfällt. Die Subjektiven Organisationstheorien des Managers werden in diesem Fall nicht explizit dargestellt, sondern treten nur indirekt durch die Aktionen des Managers in Erscheinung.

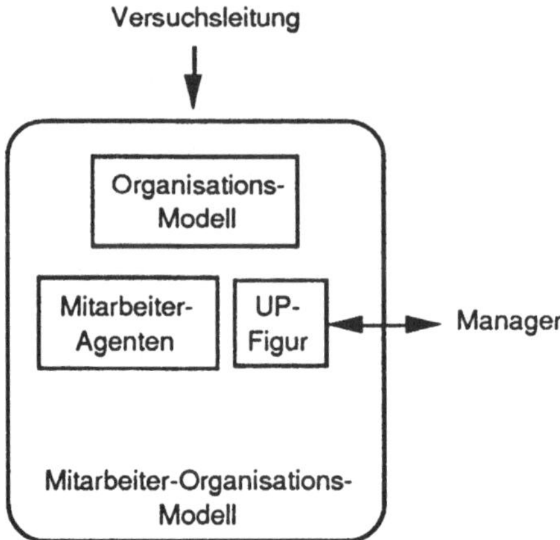

Figur 4.3: Direkte Interaktion des Managers mit dem Mitarbeiter-Organisations-Modell.

Die Qualität der Validierung von Subjektiven Organisationstheorien ist mit der Qualität (Realitätsnähe, Komplexität) des Mitarbeiter-Organisations-Modells eng verknüpft. Weder ein streng nach den Normen und Regeln der Ökonomie funktionierendes, noch ein gemäss betrieblichen Grössen und Abhängigkeiten korrekt erstelltes Modell kann für die Untersuchung von SOT genügen, obwohl quantitative Elemente in einem realitätsnahen Modell nicht fehlen dürfen (ein Vergleich zwischen dem hier beschriebenen Mitarbeiter-Organisations-Modell und den bekannten Planspielmodellen oder Management Games wird später gezogen). Benötigt wird ein von handelnden Akteuren belebtes System, vergleichbar einem Organismus, d.h. neben betrieblichen und unternehmerischen Elementen, welche die unbelebte Organisation beschreiben, müssen die Organisationsmitglieder ins Modell miteinbezogen werden. Im Einklang mit dem realen Organisationsalltag muss nämlich der Manager-Agent (resp. der reale Manager in der zweiten Modellversion) sowohl die wirtschaftlichen und betrieblichen Faktoren als auch die anderen Agenten in seine Entscheide und Handlungen miteinbeziehen. Das hat zur Folge, dass Ereignisse und Verknüpfungen von Ereignissen in der Organisation immer auch auf sogenannt "immaterielle" Strukturen innerhalb des Mitarbeiter-Organisations-Modells zurückgeführt werden müssen, beispielsweise auf die individuellen und kollektiven Bewertungsprozesse von Mitarbeitern.

Die Rolle der Organisationsmitglieder (insbesondere der Untergebenen) wird im folgenden auf dem Hintergrund der Evaluation von Subjektiven Organisationstheorien von Managern begründet.

4.1.3 Die Rolle der Mitarbeiter - die Rolle der Agenten

Allzu oft werden in der Management-Literatur die Untergebenen als blosse Reflektoren von Management-Verhalten betrachtet. Alle Mitglieder einer Organisation sind jedoch aktive Mitgestalter des Organisationslebens. Ihre Interessen, Bedürfnisse und Ziele - indirekt - und ihr Verhalten und ihre Handlungen - direkt - beeinflussen die Vorgänge in der Organisation. Die in einer realen Organisation vorhandenen Strukturen wurden und werden entscheidend von den an diesem Ort arbeitenden Personen mitbestimmt.

- Geleitet von einem Interesse an den menschlichen Aspekten der Organisationswelt, an der Kommunikation zwischen den Organisationsmitgliedern sowie an den Zusammenhängen und Beziehungen zwischen psycho-sozialen und ökonomisch-technischen Faktoren einer Organisation, werden in dem hier entworfenen Mitarbeiter-Organisations-Modell die Mitarbeiter als autonome Agenten modelliert.

Die Mitarbeiter spielen eine wichtige Rolle, wenn es darum geht, die Relevanz von SOT im Organisationsalltag aufzudecken. Die Folgen von Handlungen oder von Entscheiden, die der Manager trifft, werden nicht nur an gegenständlichen Veränderungen sichtbar, sondern insbesondere an den Reaktionen von Mitarbeitern.

- Will man belegen ob und in welchem Rahmen SOT im Organisationsgeschehen spürbare Veränderungen erzeugen, muss eine realitätsnahe - oder eine von Hypothesen gestützte - Modellierung vorliegen, welche zwangsläufig die Mitglieder der Organisation als Agenten miteinbezieht.

Ein weiterer Grund, diesen Personenkreis zu berücksichtigen, liegt in der - wohl berechtigten - Annahme, dass die SOT von Managern in einer Unternehmung nicht bloss Katalysatorcharakter besitzen, sondern einen interaktiven Prozess bewirken, durch den sie selber verändert werden. Spürbare Manifestationen von SOT lösen bei den Betroffenen Reaktionen aus; diese gelangen als "Feedback" zum Manager, modifizieren eventuell seine bereits bestehenden SOT - oder generieren neue - und wirken wiederum handlungsleitend auf sein Verhalten. Damit schliesst sich der Aktionen-Reaktionen-Kreis, der in Figur 4.4 skizziert wird.

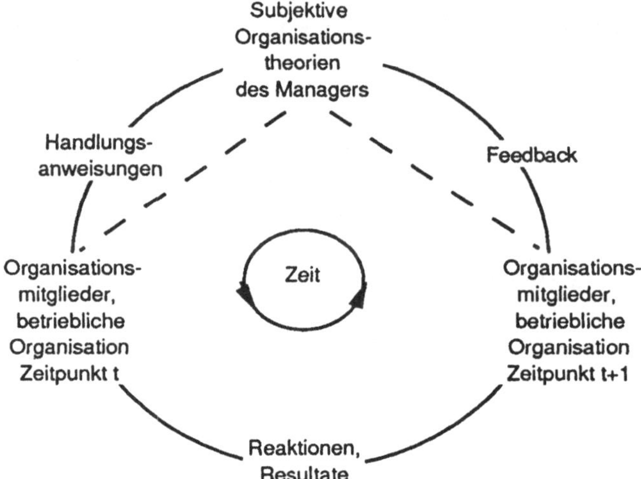

Figur 4.4: Wirkungskreis von Subjektiven Organisationstheorien

Abschliessend wird eine zusätzliche Hypothese formuliert, die selbst wiederum einen
ganzen Fragenkatalog im Zusammenhang mit SOT aufwirft, nämlich die Hypothese des
reduzierten Durchganges: Ist es möglich, dass sich SOT nicht nur durch die Handlungen
des Managers manifestieren, sondern dass sie auch direkt - ohne den Umweg über die
Handlungen - in den Köpfen der Mitarbeiter - als deren "SOT" anzutreffen sind? Das
würde bedeuten, dass die SOT des Managers auch dann wirken, wenn sie nicht in Form
von Handlungen Gestalt annehmen. Folgende Fragen knüpfen an diese Hypothese an:
- Inwieweit sind die SOT der Mitarbeiter mit denen des Managers identisch?
- Handeln Mitarbeiter ausschliesslich aufgrund ihrer eigenen SOT?
- Welche irrtümlich dem Manager unterstellten SOT befinden sich in den Köpfen der
  Mitarbeiter?

Beispiel: Ein Mitarbeiter ist überzeugt, dass sein Vorschlag bei seinem Vorgesetzten auf
taube Ohren stösst. Deshalb unterlässt er es, seinen Vorgesetzten überhaupt zu
fragen. Die Antwort des Chefs wird nicht geprüft, und es bleibt ungeklärt, ob er
tatsächlich kein Gehör gezeigt hätte.

- Wie kann die Existenz von SOT "bewiesen" werden, wenn die Mitarbeiter im
  Einklang mit den SOT des Managers handeln? In diesem Zustand haben sich SOT
  von Manager und Mitarbeitern eingependelt; es findet keine ein- oder gegenseitige
  Beeinflussung mehr statt.
- Konstituieren sich die SOT eines Managers teilweise aus den SOT der Mitarbeiter?
- Gibt es SOT, die für das Funktionieren der Organisation völlig ohne Belang sind
  und somit auch in bezug auf ihre Wirkung lediglich "im Kopfe des Managers"
  existieren?

Einige dieser Fragen übersteigen klar den Rahmen der hier beschriebenen Anwendung (z.B. der Existenzbeweis von SOT, die partielle Überlappung und der Austausch von SOT zwischen Manager und Mitarbeitern). Allerdings wird die eingangs formulierte Hypothese, dass nämlich die SOT eines Managers auch ohne den Umweg über Handlungen in die Köpfe der Mitarbeiter gelangen können, bei einer Weiterentwicklung des Mitarbeiter-Organisations-Modells nicht unberücksichtigt bleiben dürfen.

Bereits die Formulierung "SOT in den Köpfen der Untergebenen" verdeutlicht, dass die SOT von Managern nicht die einzigen kognitiven Konstrukte innerhalb der Organisationswelt darstellen: Sämtliche Organisationsmitglieder verfügen über funktional identische, in ihrer inhaltlichen Belegung allerdings divergierende, mentale Konzeptsysteme. Zwischen der Perspektive eines Managers und derjenigen von Mitarbeitern oder Untergebenen wird im folgenden inhaltlich deutlich unterschieden, indem bezüglich arbeits- und organisationsgestalterischer Bedingungen unterschiedliche Wahrnehmungs- und Bewertungsfunktionen die Stellung des betreffenden Agenten (Manager- oder Mitarbeiter-Agent) in der Organisation charakterisieren. Mit allen Agenten-Rollen lassen sich bestimmte Vorstellungen, Erwartungen, Rechte und Pflichten verknüpfen. Diese variieren aufgrund verschiedener Faktoren wie beispielsweise der Zeit und sind abhängig von der spezifischen Situation, in der sich das Individuum befindet. Wird eine bestimmte Situation aus dem Organisationsalltag herausgegriffen, zeigt es sich, dass jeweils potentiell eine ganze Reihe von verschiedenen Denk- und Handlungsmustern möglich wäre, jedoch nur ein kleiner Teil aus dieser Palette tatsächlich ausgeführt wird. Die Charakterisierung von Situationen sowie die Verknüpfung mit entsprechenden Verhaltens- und Handlungsmustern auf dem Hintergrund der Organisationsbezogenheit und insbesondere ausgerichtet auf das Spannungsfeld zwischen Untergebenen und Vorgesetzten, stellt eine Kernaufgabe im Mitarbeiter-Organisations-Modell dar.

4.1.4 Eignung der Problemstellung

Die Frage, ob die hier aufgezeigte Problemstellung bezüglich Führung und Organisation (Handlungen von Managern und Mitarbeitern basierend auf kognitiven Konzepten, Situationen im Organisationsalltag) mit dem im ersten Teil dieses Buches vorgestellten Modellierungskonzept angegangen werden kann, lässt sich positiv beantworten. Zwei Merkmale prädestinieren den Problembereich für die Anwendung des Modellierungskonzeptes: Erstens die Existenz autonomer Agenten und zweitens das Vorhandensein einer Umgebung, in der viele Arten von Ereignissen, asynchrone, bewusst erwartete und geplante auftreten können.

Die Agenten: Die Mitglieder einer Organisation (Agenten) verfügen über eine Menge von Handlungsmustern und verhalten sich in der Regel zielgerichtet. Beobachtbares Verhalten und Handeln in einem Betrieb ist zudem einerseits fremdbestimmt (Gesetze, Pflichtenheft, soziale Normen), anderseits selbstbestimmt (eigene Wünsche, Erwartungen, Ziele).

Beispiel: Ein Mitarbeiter wird die Anweisungen seiner Vorgesetzen befolgen, sich den Normen seiner Arbeitsgruppe unterordnen, die Pflichten, die Teil seiner Arbeit sind, übernehmen und zusätzlich seine eigenen Wünsche und Ziele zu verwirklichen suchen.

Die Umgebung: Das Eintreffen von Ereignissen - sei es zufallsbedingt oder durch eine bewusste Aktion herbeigeführt - und das Planen von zukünftigen Ereignissen sind in jeder Organisation von zentraler Bedeutung. Die erstgenannten, asynchronen Ereignisse (das sind kontinuierliche Phänomene eines Gegenstandsbereiches) treten in betrieblichen Organisationen zahlreich auf. Einerseits gibt es zeitbedingte Ereignisse (z.B. Ausfall einer Maschine, veraltete Technologie, sinkende Motivation). Anderseits gibt es auch kausalbedingte oder durch andere Beziehungen bedingte Ereignisse, die beispielsweise irgendwo in einer Sequenz von Modellzuständen stehen (z.B. Divergenz von Erwartung und Realität, Ausbruch von Interessenskonflikten). Viele dieser Ereignisse können zeitlich nicht festgelegt werden. Da typischerweise in einer Organisation mehrere Interessensvertreter existieren, kann beispielsweise nicht vorausgesagt werden, wann ein Interessenskonflikt eintrifft. Bewusst erwartete Ereignisse unterstehen der expliziten Planung (z.B. Produktivitätssteigerung um 20% bis in 6 Monaten) und können - direkt oder indirekt - durch das Manipulieren von Variablen bzw. Merkmalswerten erzeugt werden.

Die Modellierung von verschiedenen Ereignistypen setzt voraus, dass Ereignisse eigenständig definiert werden können, charakterisiert durch die Bedingungen, die den Aufruf des Ereignisses begründen und die Aktionen, die den eigentlichen Kern des Ereignisses darstellen. Kontrollprozeduren müssen prüfen, ob die Bedingungen für das Eintreffen von Ereignissen erfüllt sind (z.B. unter- oder überschreiten von Schwellenwerten).

4.2 Das Mitarbeiter-Organisations-Modell

Im folgenden wird ein spezielles Agenten-Umgebungs-Modell namens MOMo beschrieben - das Akronym steht für Mitarbeiter-Organisations-Modell, eine inhaltliche Spezifizierung der allgemeineren Bezeichnung Agenten-Umgebungs-Modell. MOMo ist ein hybrides (wissensbasiertes und simulationsfähiges) System, das eine dynamische Darstellung von ökonomisch-technischen und psycho-sozialen Abläufen in einer Organisation liefert. Das Modell bietet ein Wirkungsfeld für die Untersuchung der SOT von Managern. Handlungen von Führungskräften (z.B. entscheiden, kontrollieren) können in bezug auf ihre Auswirkungen beobachtet und auf dem Hintergrund von (hypothetisch) als handlungsleitend geltenden Annahmen und Wertungen analysiert werden.

Das Mitarbeiter-Organisations-Modell MOMo besteht erstens aus einem Organisations-modell, das eine Organisationsumgebung mitsamt ihren strukturellen und zeitlichen Abhängigkeiten simuliert. Dieses Modell enthält die mehrheitlich quantitativen, ökonomisch-technischen Merkmale einer Organisation. Zwei Bereich werden unterschieden:

- die Unternehmung mit Daten wie beispielsweise Firmenrichtlinien, Finanzen, Arbeitsmarkt,
- der Betrieb, der die betrieblichen Gegebenheiten wiedergibt (z.B. Absentismus, Informationsfluss).

MOMo umfasst zweitens ein Mitarbeitermodell, das eine Menge von "intelligenten Agenten" (die modellierten Organisationsmitglieder) und deren Handlungsraumkonzepte umfasst. Dieses Modell enthält mehrheitlich qualitative Merkmale.

Figur 4.5 zeigt schematisch die Komponenten des Mitarbeiter-Organisations-Modells in den Modellversionen 1 und 2. In der ersten Modellversion wird der Manager (oder allgemein ein Untersuchungspartner) im Modell selbst als Agent modelliert. In der zweiten Version interagiert der reale Manager über das Modellobjekt der UP-Figur (das Akronym steht für Untersuchungspartner-Figur) mit dem Modell. Im folgenden werden die verschiedenen Komponenten näher beschrieben.

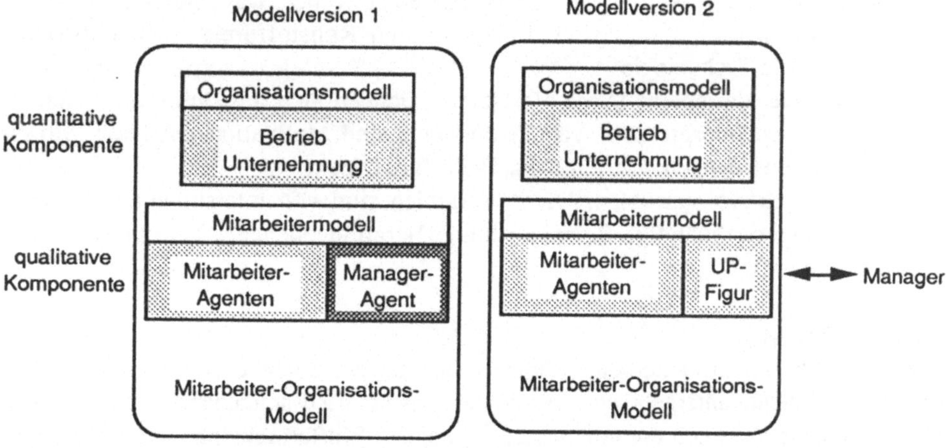

Figur 4.5: Die Komponenten des Mitarbeiter-Organisations-Modells

4.2.1 Das Organisationsmodell

Das Organisationsmodell ist das Abbild einer fiktiven Organisation. Es erfasst bei weitem nicht alle Eigenschaften der Realität, repräsentiert jedoch eine Umgebung, die genügend komplex und an Merkmalen reich ist, um die postulierte handlungsleitende

Funktion von SOT zu beobachten und Veränderungstendenzen von SOT über gewisse Zeitspannen hinweg zu verfolgen. Die Grenzen des Organisationsmodells entsprechen den physisch vorgefundenen Organisationsgrenzen. Alles was ausserhalb der Organisation passiert, fliesst nur über wenige exogene Variablen ins Modell ein. Rohstoffpreise, Gesetze, Zahlen vom Arbeitsmarkt und Stärke der Konkurrenz sind Beispiele von Variablen, die ausserhalb der Organisation und somit - im Unterschied zu den übrigen Variablen im Modell - nicht von den Agenten manipuliert werden können. Zweifellos ist jede solche willkürliche Grenzlegung problematisch.

Das Wissen, das im Organisationsmodell dargestellt wird, umfasst unternehmerische und betriebliche Aspekte. Diese Eigenschaft ist allerdings auch all jenen Modellen in Wirtschaft und Industrie eigen, die - auf teilweise sehr sophistische und komplexe Art und Weise - die Merkmale und Strukturen von Organisationswelten erfassen und Organisationsprozesse simulieren. Allerdings beschränkt sich der Inhalt dieser Modelle in den meisten Fällen auf rein quantifizierbare Grössen.

In MOMo überwiegen insgesamt die sogenannt "subjektiven Faktoren" der Organisationswelt, das sind die qualitativen Grössen, die insbesondere für die Handlungen und das Verhalten von Organisationsmitgliedern eine Rolle spielen. Grob lassen sich die Modellvariablen von MOMo in drei Klassen einordnen:

- objektive Variablen: Diese Variablen unterstehen keiner subjektiven Interpretation; sobald ihr Wert bestimmt ist, sind sie Fakten geworden. Das bedeutet aber nicht, dass sie unveränderbar sind. Beispiele sind Rohstoffpreis, Arbeitsstruktur, verwendete Technologie.
- subjektive Variablen: Diese Variablen zeichnen sich aus durch einen hohen subjektiven Interpretationsgehalt. Beispiele sind Motivation, Interesse, Stress, Arbeitszufriedenheit, Entfremdung, Bedürfnisabdeckung.
- intersubjektive Variablen: Diese Variablen sind von intersubjektiven Wahrnehmungen abhängig. Beispiele sind Hierarchieebenen, Qualitätskontrolle, Führungsstil.

Unternehmung

Die quantifizierbaren Fakten einer Organisation auf der Ebene Unternehmung sind in dieser Komponente untergebracht; sowohl die monetären Zusammenhänge innerhalb der Unternehmung wie auch die von aussen wirkenden Einflussfaktoren werden berücksichtigt. In MOMo wird auf diesen Bereich nur insofern Bezug genommen, als monetäre Beschränkungen berücksichtigt werden. Die Relevanz von ökonomisch und wirtschaftlich relevanten Grössen für Situationen im Organisationsalltag (z.B. bei der Planung, bei Entscheidung über zukünftige Entwicklungen) kann jedoch erst bei einer Erweiterung voll zum Tragen kommen.

Betrieb

Die eigentliche "Organisation" der Unternehmung wird durch die Komponente Betrieb dargestellt. Die Realisierung dieser Komponente verlangt - analog zur Unternehmung -

eine vollständige Bestandesaufnahme aller betrieblichen Grössen und Zusammenhänge. Zwar bleibt in MOMo auch dieser Teil inhaltlich beschränkt, definiert aber in vernünftigem Ausmass die Umgebung für die Aktivitäten der Agenten. In diesen Bereich fallen beispielsweise der Produktionsablauf, die Arbeitsstruktur, die Arbeitsplätze, kurz sämtliche objektiv gegebenen Arbeitsbedingungen, mit denen das Organisationsmitglied konfrontiert ist.

4.2.2 Das Mitarbeitermodell

Zu den Organisationsmitgliedern zählen sämtliche Agenten in der Organisation, individuelle Personen in verschiedenen Rollen (z.B. Mitarbeiter, Gruppenmitglieder), aber auch Instanzen (z.B. die Werkleitung und die Unternehmung) sowie Kollektiva (z.B. Gruppen und Abteilungen). Der Manager, dessen Subjektive Organisationstheorien während der Simulation analysiert werden, wird entweder von einem autonomen Agenten simuliert (Modellversion 1) oder aber er hat die Rolle eines externen Untersuchungspartners inne und interagiert direkt mit dem Mitarbeiter-Organisations-Modell via das Modellobjekt der UP-Figur (Modellversion 2). Auch in diesem zweiten Fall ist er also im Modell - als ein Modellobjekt - repräsentiert, allerdings nicht in der Funktion eines autonomen Agenten.

Die Existenz dieser UP-Figur, die mit den übrigen Agenten über die intern im Modell festgelegten Kommunikationspfade interagiert, erlaubt dem externen Manager die Rolle eines simulierten Objektes im Modell zu spielen. Um Realität und Modellwelt klar zu trennen, bezeichnet die UP-Figur den Manager im Modell; mit Manager oder Untersuchungspartner ist der modellexterne Manager gemeint. Die UP-Figur ist somit eine Marionette im Modell, deren Verhaltensweisen vom Untersuchungspartner bestimmt werden, indem dieser an den "Fäden der Marionette" zieht. Der Manager kann auf diese Weise selbst in der Simulation mitspielen, anderseits jedoch den Simulationslauf beeinflussen und in die gewünschte Richtung führen. Diese Konstellation von Untersuchungspartner und UP-Figur (oft etwa auch als "Man-in-the-Loop" bezeichnet) eröffnet neue Analysemöglichkeiten und kann zu Trainingszwecken benutzt werden.

Die Modellierung der Agenten verlangt differenzierte Darstellungsformen. Erstens gilt es, bestimmte, quantifizierbare Merkmale zu erfassen (z.B. Alter, Ausbildung, Stellung in der Organisation und berufliche Fähigkeiten). Zweitens - und dies ist für die Zielsetzung von MOMo besonders relevant - müssen die qualitativen Eigenschaften eines Agenten beschrieben werden (z.B. Motivation, Originalität, Einstellung zur Arbeit). Zusammen mit den nach individueller Priorität geordneten Zielen und Motiven eines Agenten, entsteht ein vollständiges, agentenspezifisches Eigenschaftsprofil, das unter anderem über Handlungstendenzen und Verhaltensmechanismen Aufschluss geben wird.

Die Modellierung des Mitarbeitermodells geht von der Annahme aus, dass in der Realität sämtliche Mitglieder einer Organisation über - ein oder mehrere - hypothetische Konzeptsysteme von Organisation verfügen:
- Die Konzeptsysteme basieren auf Erfahrungen mit derjenigen Organisation, in der die Personen arbeiten; sie sind eventuell selektiv angereichert mit Wissen über andere Organisationen oder orientieren sich an Aussagen, die allgemein auf Organisationen zutreffen mögen.
- Die Konzeptsysteme beziehen sich potentiell auf alle Gegenstände der Organisationswelt. Ihre Elemente sind Personen, Arbeitsplätze, Tätigkeiten, daneben auch Begriffe wie Kontrolle, Motivation, Qualität und Arbeitsklima. Sie enthalten organisationsbezogene Situationsabläufe (soziale, individuelle, administrative und technische - also logische und physische - Prozesse).

Die Repräsentation dieser Konzepte geschieht - anlehnend an die Prototypentheorie von Rosch [Rosch 75], [Rosch et al. 76] - in Form von Prototypen, d.h. es werden Eigenschaften der Realität zusammengefasst, die jeweils die relevanten Ausprägungen eines Konzeptes beschreiben. Ein Objekt wird dann als konzeptzugehörig eingestuft, wenn Ähnlichkeit mit dem Konzept-Prototypen konstatiert werden kann. Organisationsbezogene Prototypen von Individuen und Gruppen in Organisationen werden im folgenden als Prototypische Organisationsbilder (POB) bezeichnet.

Zusammenfassend finden sich im Mitarbeitermodell:
- die Agenten des fiktiven Betriebes (Personen, Instanzen und Kollektiva),
- quantitative und qualitative Eigenschaften von Agenten,
- die Prototypischen Organisationsbilder (typische Situationen und Situationsabläufe, Merkmale von Arbeits- und Organisationsbedingungen, verknüpft mit potentiell möglichen Handlungsalternativen oder Verhaltensmechanismen.
- individuelle (und gruppenweise aggregierte) Motivbäume.
- "informelle" Beziehungsstrukturen unter Arbeitskollegen und zu Vorgesetzten.

4.2.3 Interaktion zwischen den Komponenten

Zwischen dem Organisationsmodell (Unternehmung und Betrieb in marginaler Form) und dem Mitarbeitermodell (Agenten) besteht eine komplexe Beziehungsstruktur, denn jeder Teil beeinflusst und verändert den anderen und wird beeinflusst und verändert vom anderen.

Die ökonomisch-technische Seite

Das Organisationsmodell - die sogenannt ökonomisch-technische Seite - umfasst faktisches, organisationsspezifisches Wissen. Durch die Simulation werden in diesem Bereich quantifizierbare und objektiv messbare Abläufe nachgezeichnet. Ökonomisch-technische Zustandsänderungen aktivieren im psycho-sozialen Bereich (Mitarbeitermodell) Bewertungsprozesse und Verhaltensmechanismen. Die Resultate dieser

Prozesse beeinflussen ihrerseits wiederum die ökonomisch-technische Seite. Die Interaktionen zwischen dem Organisations- und dem Mitarbeitermodell bestimmen nicht nur den aktuellen Zustand der Organisation, sondern beeinflussen auch den zukünftigen Modellverlauf.

Aufgrund der Quantifizierbarkeit und - approximativ - exakten Beschreibbarkeit von faktischen Organisationsprozessen lassen sich Organisationsabläufe algorithmisch erfassen und prozedural als Abfolge von Zuständen wiedergeben. Aufzeichnungen von realen Organisationsabläufen finden sich beispielsweise in Unternehmungsberichten und Fallstudien.

Die psycho-soziale Seite

Die Organisationsmitglieder (die Agenten), ihre Motive und Prototypischen Organisationsbilder sind die Objekte des Mitarbeitermodells - und repräsentieren die sogenannt psycho-soziale Seite. Sie sind netzwerkartig miteinander verknüpft, wobei die Art der Beziehungen vielschichtig und komplex sein kann. Im Laufe der Simulation werden auf der psycho-sozialen Seite Motive verfolgt, Ziele geweckt und POB angesteuert, wobei Motive zufallsgesteuert immer wieder in den Vordergrund treten, kurzfristige Ziele und POB jedoch aufgrund von neuen Zuständen und Veränderungen von arbeits- und organisationsspezifischen Bedingungen aktiviert werden.

Der Wahrnehmungsfilter

Die Prototypischen Organisationsbilder übernehmen im Verhältnis von Fakten und Agenten die Funktion eines Wahrnehmungsfilters. Ausgehend von gegebenen Organisationsabläufen werden Interpretationsrahmen definiert, welche erlauben, die Fakten der ökonomisch-technischen Seite auf die durch mentale Bewertungsprozesse geformten Verhaltensweisen von Agenten abzubilden. In einer ersten Phase lassen sich anhand von Fallstudien Hypothesen über die Beziehung zwischen Organisationsabläufen und mentalen Prozessen aufstellen. Diese können geprüft werden, indem die Reaktion (z.B. nachlassende Arbeitsleistung) mit der entsprechenden Stelle im Algorithmus des Organisationsablaufes verglichen wird. Bei der Beurteilung ist zu beachten, dass sowohl die Prototypischen Organisationsbilder wie auch ihre Bilder von Organisationssituationen, auf Hypothesen basieren. In einer späteren Phase lassen sich diese POB verwenden, um neue Situationen entsprechend auf Verhaltensweisen von Agenten abzubilden und damit Prognosen über den weiteren Modellverlauf aufzustellen.

Eine weitere Dimension kommt durch den Einbezug Subjektiver Organisationstheorien hinzu. Diese beeinflussen sowohl den Organisationsablauf wie auch die Vorgänge auf der psycho-sozialen Seite (z.B. Agenten erhalten neue Aufgaben, erfahren neue Reaktionen auf ihre Handlungen, ändern ihre Erwartungen). Es werden neue Prototypische Organisationsbilder angesprochen. Ebenso wird der Algorithmus auf der ökonomisch-technischen Seite verändert. Diese Abweichungen erlauben, Aussagen über die relative Relevanz von SOT zu formulieren.

4.2.4 Symbolischer Austausch

In der realen Organisationswelt beschäftigt sich ein Manager oft gleichzeitig mit verschiedenen Gegenständen im Organisationsbereich. Ist bei ihm ein Problemlösungsprozess im Gang, wird dieser auch beeinflusst durch Ereignisse und organisationsspezifische Gegebenheiten, die scheinbar nichts mit dem aktuellen Problem zu tun haben, möglicherweise aber einen Aufforderungscharakter besitzen, der sich dann in der Problemlösung niederschlägt [Frei 85]. Der Manager löst aber nicht nur Probleme, er generiert auch welche. Um Entscheidungen treffen zu können oder Strategien zu entwickeln, benötigt er Informationen aus dem Betrieb, gleichzeitig greift er auch auf verschiedenen Ebenen in den Organisationsablauf ein.

Die meisten Anweisungen des Managers sind mit einem Erwartungswert verknüpft, d.h. der Manager erwartet eine Reaktion aus der Umgebung, sei dies in Form von sichtbaren organisatorischen Veränderungen oder erkennbar in der ablehnenden bzw. zustimmenden Haltung von Mitarbeitern oder Untergebenen (z.B. "Dienst-nach-Vorschrift"-Haltung). Möglich ist, dass die Reaktion nicht im Sinne des Managers ausfällt (z.B. Verweigerung einer Anweisung oder falsches Ausführen). Schliesslich kann die Situation eintreten, dass die erwartete Reaktion vollständig ausbleibt, weil beispielsweise die Mitarbeiter die Anweisungen oder die Handlungen des Managers ignorieren. Der Austausch zwischen dem Manager und der Umgebung ist in diesem Fall sogenannt symbolisch. Symbolischer Austausch bedeutet, dass auch ein Nicht-Reagieren oder Nicht-Handeln der einen Seite für die andere Seite potentiell einen Input darstellt.

Auf der Seite der Mitarbeiter besteht ebenfalls das "Bedürfnis" nach Information: Der Manager wird um eine Entscheidung angegangen, Ratschläge werden eingeholt. Auch hinter den Aktionen von Mitarbeitern steht oft eine Erwartung: Der Manager wird auf Missstände aufmerksam gemacht (hier richtet sich die Erwartung auf deren Behebung), oder ein Mitarbeiter wünscht eine Aussprache mit seinem Vorgesetzten. Symbolischer Austausch findet in diesem Fall aus der Perspektive des Mitarbeiters statt, indem nämlich der Manager nicht auf das Verhalten der Untergebenen anspricht und gewisse Zustände einfach übersieht.

Das "Phänomen" des symbolischen Austausches wird im Mitarbeiter-Organisations-Modell berücksichtigt. Folgende Arten von Austausch zwischen den Mitarbeiter-Agenten und dem Manager-Agenten (resp. den Mitarbeiter-Agenten und dem Manager via UP-Figur in der zweiten Modellversion) werden dargestellt:

- Informationsaustausch, an den keine bestimmten Erwartungen geknüpft sind (z.B. periodische Zustandsberichte, Abfragen von Fakten). Implizit wird hier allerdings vorausgesetzt, dass sich nichts Wesentliches verändert, d.h. Systemabweichungen bewegen sich innerhalb bestimmter Toleranzgrenzen.
- Informationsaustausch mit Erwartung (z.B. Anweisungen geben, Entscheidungen fordern, Missstände erläutern, Ratschläge einholen). Zu dieser Kategorie gehören

auch solche Interaktionen, die zwar eine Reaktion hervorrufen, nicht jedoch die gewünschte.
- symbolischer Austausch. Auf ein bestimmtes Verhalten oder auf bestimmte Handlungen folgt keine Reaktion, obwohl eine solche erwartet wird. In diesem Fall stellt die Nicht-Reaktion ein Interpretationsdatum dar.

4.2.5 Abhebung von Planspielen

In Planspielen, deren häufigste Vertreter sogenannte Management Games oder Unternehmungsspiele sind (z.B.Topic [Lindemann et al. 73], [ORBYDd 73]), nehmen verschiedene Personen als - meist konkurrierende - Spieler teil. Sie haben die Aufgabe, über eine Zeitspanne von mehreren Simulationsperioden durch taktisch richtige Entscheidungen ein vorgegebenes Ziel (Umsatzsteigerung, Marktdurchdringung, Expansion, etc.) zu erreichen. Interaktive Planspielmodelle verarbeiten die Anweisungen ihrer Spieler und berechnen aufgrund der internen Modellstruktur das entsprechende Verhalten der modellierten Unternehmung. Management Games stellen vorwiegend monetäre Systeme dar, d.h. die von den Spielern getroffenen Entscheide werden in bezug auf die Finanzlage der modellierten Firma quantitativ ausgewertet.

Das Mitarbeiter-Organisations-Modell MOMo stimmt in drei Punkten mit einem Planspiel überein:
- In der zweiten Modellversion 2 übernimmt der Manager via UP-Figur die Rolle eines (Plan-) Spielers und kann direkt in das Mitarbeiter-Organisations-Modell eingreifen.
- Das Modell bietet dem Manager in der Rolle des Plan-Spielers stete Interventionsmöglichkeit.
- Die externen (vom Manager stammenden) Anweisungen werden im Modell verarbeitet und beeinflussen den Modellverlauf.

Das Modell unterscheidet sich von Planspielen in den folgenden Punkten:
- Finanzielle Auswirkungen werden nur als Randbedingungen im Modell (in seinem ökonomisch-technischen Teil) berücksichtigt.
- Beurteilt wird nicht die "Richtigkeit" oder Güte der Entscheidungen vom Manager oder vom Manager-Agenten, sondern es interessieren die Verknüpfung zwischen den SOT und seinen tatsächlichen Aktionen (Entscheidungen, Massnahmen).
- Die Interaktion zwischen Modell und "Spieler" ist nicht einseitig. Das Modell zeigt nicht nur Verhalten, sondern erzeugt selbst Aktionen (z.B. gelangen Meldungen der Mitarbeiter-Agenten zum Manager-Agenten oder zum Manager).

4.3   Prototypische Organisationsbilder

Die Interaktionen zwischen Agenten (den Mitgliedern der Organisation) und Umgebung (der Organisation) werden ausschliesslich über die Prototypischen Organisationsbilder abgewickelt. Ein POB ist keine "physische" Momentaufnahme, sondern beinhaltet Ereignissequenzen, Verknüpfung von Ursachen und Wirkungen (in entsprechend generalisierter Kurzfassung), wie sie aufgrund der Sichtweise des Bildeigentümers vermutet oder wahrgenommen werden. Organisationen - in der Regel hierarchisch gestaltet - stellen einen Lebensraum besonderer Art dar, indem dort reale persönliche Abhängigkeiten existieren, die - gemeinsam mit subjektivem Erfahrungswissen - die Verhaltensweisen und Handlungen ihrer Mitglieder bestimmen.

Der Begriff Lebensraum wurde in der Psychologie von Lewin geprägt und bezeichnet die strukturierte und dynamisch charakterisierte Umgebung eines Individuums oder einer Gruppe [Kurt-Lewin Werkausgabe 82]. Dieser Raum (die Umgebung) interessiert jedoch nicht primär in seinen objektiven Eigenschaften, sondern psychologisch, d.h. ereignis- und verhaltensmässig. Die Charakteristiken eines solchen Raumes sind seine Merkmale und Eigenschaften für den darin Handelnden. Die Bedeutung von Organisation als Lebensraum wird im Mitarbeiter-Organisations-Modell mit Hilfe der Prototypischen Organisationsbilder wiedergegeben, indem die Umgebung (sie umfasst für den Agenten die Organisation als auch die anderen Agenten) beziehungsweise das was von ihr wahrgenommen wird, die Handlungen und Verhaltensweisen des Agenten bestimmt und verändert, jedoch auch selbst durch ein Ereignis (z.B. Aktion eines Agenten) veränderbar erscheint.

4.3.1 Psychologische Untermauerung

Die folgenden Erläuterungen basieren auf psychologischen Erkenntnissen bezüglich Konzeptsystemen von Individuen und Gruppen und Bildung von Prototypen; angewandt auf den Bereich der Organisation begründen sie das Konstrukt der Prototypischen Organisationsbilder und liefern Hinweise für deren Aufbau und Darstellung.

Konzeptsysteme entstehen durch Wertung, Abstraktion oder Inferenz von - jedenfalls für das Subjekt - objektiven Tatsachen (d.h. sie basieren auf empirischen Erfahrungen). Organisationsbezogene Konzeptsysteme sind somit teilweise geprägt von früheren Episoden im Umgang mit Organisationen und Vorgesetzten, teilweise begründet in der dem Individuum eigenen Geschichte (z.B. Erziehung, Schule, Ausbildung, Förderung der eigenen Persönlichkeit). Beobachtungen zufolge verfügen Personen mit ähnlichem

Erfahrungshintergrund als Ergebnis sozialer Lernprozesse über partiell identische oder vergleichbare Ablaufbilder. Eine erwartete Ereignissequenz ist somit nicht nur an die situative Umgebung (Kontext) gebunden, sondern stark abhängig davon, wie die Situation eingeschätzt und ob sie überhaupt wahrgenommen wird und welche Relevanz sie für den jeweiligen Betrachter hat.

Zur Untermauerung der intuitiv einsichtigen Verknüpfung von Situation, Wahrnehmung, Bewertung und Verhalten eines Individuums sei auf Lewins Feldtheorie verwiesen:

> Die Feldtheorie geht von der Annahme aus, dass das Verhalten, welches jede Art von Handeln, von Affekt oder Denken umfasst, von einer Vielzahl gleichzeitig vorliegender Faktoren abhängt, die das psychologische "Feld" ausmachen. Dieses Feld enthält solche Tatsachen wie etwa die Bedürfnisse der handelnden Person, die Ziele und Wünsche des Individuums; die Art und Weise wie das Individuum Vergangenheit und Zukunft sieht; die Art und die Lage von Schwierigkeiten; ferner die Gruppen, zu denen das Individuum gehört; seine Freunde und seine eigene Position unter ihnen. .... Jedem Individuum entspricht zu einem bestimmten Zeitpunkt ein anderes psychologisches Feld, das wir den Lebensraum dieses Individuums nennen. Es schliesst sowohl die Person wie die Umgebung ein; und zwar die Umgebung wie sie das Individuum sieht [Kurt-Lewin Werkausgabe 82].

4.3.2 Modellierung von Prototypischen Organisationsbildern

Die Verknüpfung von Situation, Wahrnehmung, Bewertung und Verhalten bedeutet, dass das Handeln von Agenten im Modell nicht so sehr von der objektiven, physischen Beschaffenheit der Umgebung abhängt, sondern vielmehr von der Repräsentation dieser Umgebung "im Kopfe der Agenten". Diese Erkenntnis kommt bei der Modellierung der Prototypischen Organisationsbilder zur Anwendung. Die POB - im Mitarbeitermodell selbst als Objekte dargestellt - enthalten die Darstellung anderer Modellobjekte aus dem Organisations- und aus dem Mitarbeitermodell, wobei die Darstellung die Sicht des betroffenen Agenten wiedergibt. Die Modellierung dieser Modellobjekte "im Kopfe der Agenten" hat somit reflexiven Charakter.

Die Prototypischen Organisationsbilder sind ausgerichtet auf eine bestimmte Situationskombination oder auch - situationsunabhängig - auf eine Funktion, die im Organisationsalltag ausgeführt werden soll (z.B. ein Anliegen vorbringen, einen Zustand verändern). Sogenannt normatives Verhalten wird im Modell reproduziert, indem mehrere Personen dasselbe POB benutzen; Voraussetzung dafür ist allerdings, dass diese Personen über vergleichbare Eigenschaftsprofile verfügen und die Relevanz einer Situation für all diese Personen als nahezu identisch bezeichnet werden kann.

Die Anzahl von POB im Modell muss trivialerweise beschränkt bleiben. Falls ein Agent für eine bestimmte Situation im Repertoire der POB kein prototypisches Bild mit spezifischer Information findet und somit keine Handlung ableiten kann, muss er POB

allgemeiner Natur verwenden. Das Fehlen von spezifischen POB wird im Mitarbeiter-
modell durch sogenannte "Default"-POB abgedeckt, das sind Bilder, die auf allgemeine
Situationen zutreffen oder anwendbar sind. Sie gewährleisten - im Sinne von "Graceful
Degradation" - die Interpretations- und Handlungsfähigkeit der Agenten (welche
Aktionen sind überhaupt möglich, lassen sich ausführen, etc).

Der unterschiedliche Abstraktionsgrad der POB (spezifische POB, Default-POB)
verweist auf die Möglichkeit, die Bilder hierarchisch zu gliedern. Sogenannt episodische
POB - sie beziehen sich auf direkt an Ort und Zeit geknüpfte Erfahrungen aus dem
Organisationsalltag - stehen auf der untersten Stufe; durch Elimination von Einzel-
aspekten entstehen auf der nächsten Hierarchiestufe abstraktere Strukturen mit einem
erweiterten Anwendungsbereich, jedoch weniger Detail-Information. Dieser Abstrak-
tionsprozess wiederholt sich bis in die Spitze der Hierarchie.

Die dynamische Generierung einer solchen POB-Hierarchie impliziert, dass neben der
Repräsentation von Konzepten über das Funktionieren von Organisationen auch
Prozeduren existieren müssen, um diese zu kombinieren. Smith spricht in diesem
Zusammenhang von der menschlichen Fähigkeit, eine indefinite Zahl neuer komplexer
Konzepte aus bestehenden einfachen Konzepten zu bilden [Smith 85]. Ansätze über den
Aufbau mentaler Strukturen liefern Untersuchungen über Gedächtnisstrukturen [Schank
& Riesbeck 81], [Kolodner 83]. Von Schank wurden drei Fragen formuliert, die für das
Konzept der POB und seine weitere Entwicklung relevant sind:
- Wie werden mentale Strukturen, z.B. Szenen, Skripte und Abstraktionen und
  Meta-Skripte überhaupt generiert?
- Wie können existierende Strukturen verändert werden?
- Wie werden neue Strukturen aus alten abgeleitet, d.h. wie entstehen neue
  Kombinationen?

4.3.3 Aktivierung von Prototypischen Organisationsbildern

Die Aktivierung von Prototypischen Organisationsbildern wird mit Hilfe von
"Eintrittsbedingungen" (Prämissen) kontrolliert. Während der Simulation wird geprüft,
ob eintreffende Ereignisse eine POB-Bedingung erfüllen, d.h. ob eine bestimmte
Kombination von Merkmalen und Werten auftritt. Die Ereignisse selbst werden
entweder durch Agenten ausgelöst oder sie "passieren" modellintern, wenn:
- abhängige Variablen (z.B. zeitabhängige Variablen) ihren Wert ändern und damit
  Schwellenwerte unter- oder überschritten werden,
- durch Zustandsänderungen im Modell Funktionen ausgelöst und Prozeduren
  aufgerufen werden,
- Aktionen durch Zufallsgeneratoren initialisiert werden.

Ist die Aktivierungsbedingung für ein bestimmtes POB erfüllt, dann kommen die für das
Bild charakteristischen Verhaltensmuster zur Ausführung. Handeln von Individuen ist
jedoch selten rein deterministisch, sondern aufgrund von speziellen Persönlichkeits-

strukturen und individueller Situationsrelevanz mehr oder weniger wahrscheinlich. Dieses Faktum wird im Modell berücksichtigt, indem einzelne, mögliche Verhaltensmuster in den POB - falls nicht bereits auf eine andere Weise eindeutig bestimmt - aufgrund von Wahrscheinlichkeit ausgewählt werden. Mit Hilfe von Zufallsgeneratoren wird das zu aktivierende Handeln bestimmt. Menschliches Handeln auf diese Weise zu modellieren, hält natürlich den psychologischen Theorien über die Genese zielgerichteten Handelns nicht stand, aber es reflektiert, wie sich willkürliches, häufig schwer prognostizierbares Handeln von Individuen einem Manager zeigt. Bei der Simulation wird darauf geachtet, dass die verschiedenen Handlungsalternativen, die bei einem solchen Verfahren zur Wahl stehen, semantisch nahe beieinander liegen, um sinnwidrige Ergebnisse zu vermeiden.

4.3.4 Motive und Prototypische Organisationsbilder

Motive sind langfristige, stabile Ziele, die während der gesamten Simulationszeit aktiv bleiben. Sie gehören zu den spezifischen Merkmalen eines Agenten. Im Modell werden sie hierarchisch in Form eines Motivbaumes geordnet, wobei die Gliederung ihre relative Relevanz widerspiegelt. Motive werden benutzt, um in Konfliktsituationen Entscheidungen zu forcieren; sie haben eine zweite Funktion als Aktionsauslöser, denn sie "motivieren" - unabhängig von aktuellen Ereignissen - die Agenten zum Handeln.

Im Gegensatz zu den Motiven, denen eine eigenständige, handlungsleitende Funktion zukommt, müssen die POB immer erst aktiviert werden, nämlich durch Ereignisse während der Simulationszeit. Sind die Rahmenbedingungen eines POB erfüllt, werden diejenigen Reaktionen sichtbar, die generiert auf dem Erfahrungshintergrund des Agenten in den POB gespeichert sind. Die POB beeinflussen, ja bestimmen weitgehend den Modellverlauf, indem sie ihrerseits Aktionen auslösen, Verhaltensweisen hervorrufen und personenspezifische Merkmalswerte verändern (z.B. Arbeitsmoral, Loyalität gegenüber dem Vorgesetzten). Dadurch werden dynamisch immer wieder die Einfluss- und Beziehungsstrukturen zwischen den aktiven (im Mitarbeitermodell) und passiven Modellobjekten (im Organisationsmodell) verändert.

4.4   Konkreter Modellinhalt

Für die Modellierung des Mitarbeiter-Organisations-Modells werden Daten verwendet, die aus einer Fallstudie im Bereich Organisationspsychologie stammen [Kuhn & Spinas 80]. Dadurch bleibt erstens der Untersuchungsrahmen auf die in der Fallstudie beschriebenen Situationen beschränkt; zweitens bietet sich dadurch die Möglichkeit, die Resultate aus der Simulation mit den Aufzeichnungen der Fallstudie zu vergleichen und so das

Modellverhalten zu validieren. Im folgenden wird der Inhalt der Studie in kurzer Form wiedergegeben.

Fallstudie Standard Auto AG

Mit dem Ziel, das Makro- und Mikro-Arbeitssystem zu verbessern, wurden bei Standard Auto AG verschiedene Arbeitsstrukturen in bezug auf Wirtschaftlichkeit und humanere Arbeitsgestaltung untersucht. Der Projektgemeinschaft gehörten an: Die Standard Auto AG (Vertreter der Werkleitung und des Betriebsrates) und zwei Hochschulinstitute, von denen das eine für die ergonomische, das andere für die sozialpsychologische Begleitforschung zuständig war. Die Studie von Kuhn & Spinas beschreibt die Einführung der Arbeitsstruktur Gruppenmontage und die schrittweise Anpassung an das betriebliche Feld.

Ein Projektausschuss, dem neben den Delegierten der Projektgemeinschaft auch Vertreter der Arbeiterschaft angehören, entwirft das Konzept für den Produktionsablauf bei Gruppenmontage. Das Konzept umfasst die Einrichtung von zwei Montagebereichen mit je vier parallel geschalteten Montageinseln, wobei jede Montageinsel zwei Montagewagen aufnimmt. In den Montagebereichen sollen vier Montagegruppen im werküblichen Zwei-Schicht-Betrieb arbeiten.

Im Vergleich zu den Arbeitszeiten am Band mit einer Taktzeit von 0.8 - 3 Minuten (nach dieser Zeitspanne wiederholt sich der Arbeitsablauf), beträgt die Arbeitszeit bei Gruppenmontage an den einzelnen Arbeitsplätzen 35 - 40 Minuten. An einem Montagewagen wird jeweils von einem Arbeiter ein kompletter Motor zusammengebaut, einschliesslich der dazugehörigen Materialbereitstellungsarbeiten. Weiter vorgesehen ist eine schrittweise Arbeitserweiterung um dispositive Aufgaben, die Durchführung von Funktionenkontrolle und allfällige Nacharbeiten. Ein differenziertes Trainingskonzept wird entwickelt, um einerseits die fachlich erforderliche Qualifikation der Arbeiter zu gewährleisten und anderseits die neu gebildeten Arbeitsgruppen zu autonomen und sich selbst regulierenden Einheiten auszubilden.

Ein Konzept für die Teilautonomie der Gruppen wird entwickelt; es umfasst stichwortartig folgende Elemente:
- die Selbstregulation der Gruppen, einschliesslich Arbeitsaufteilung, zeitliche Disposition, job enrichment, job enlargement und Arbeitsplatzwahl.
- die technische und räumliche Ausstattung. Die Realisierung der Teilautonomie verlangt eine Arbeitsplatzgestaltung, welche die Kooperation und Kommunikation innerhalb und zwischen den Gruppen fördert.
- ein Mitbestimmungs- und Mitwirkungsrecht. Jedes Gruppenmitglied besitzt Mitspracherecht bei der Einstellung neuer Mitglieder, bei der Anschaffung technischer Ausrüstung und bei der Planung im Falle von organisatorischen Veränderungen. Die Gruppenmitglieder tragen aber auch Verantwortung für den Arbeitsprozess und die Zusammenarbeit in den Gruppen; sie unterstehen der Informationspflicht.

- die Entlohnung. Der Lohn des Mitarbeiters richtet sich nach der Anzahl der von ihm beherrschten Tätigkeiten (Polyvalenzlohn) und nicht nach den Tätigkeiten, die er tatsächlich ausgeführt hat.

Zeitlich vor der geplanten Arbeitsaufnahme findet die Bildung der vier Arbeitsgruppen mit je 10 Mitgliedern statt, von denen jeweils 3 als Ersatzleute gelten. Der von der Werkleitung erarbeitete Vorschlag einer in Hinblick auf Geschlecht, Alter, Qualifikation und Nationalität ausgewogenen Gruppenzusammensetzung, wird zugunsten einer autonomen Gruppenbildung verworfen.

Auf Wunsch der Gruppen und der sozialpsychologischen Begleitforschung wirdhinsichtlich der Arbeitsorganisation auf die betriebsübliche Führungsstruktur (Meister Vorarbeiter) verzichtet. Vom Werk werden Führungskräfte im Sinne von Beratern zur Verfügung gestellt, die jedoch die angestrebte Teilautonomie der Gruppen nicht gefährden sollen. Das Pflichtenheft des Beraters umfasst folgende Aufgaben:
- die Sicherstellung der Zusammenarbeit zwischen Gruppe und Betrieb,
- die Registrierung von Personaleinsatz, Mitspracherecht bei neuen Mitarbeitern,
- die Sorge für die Ausbildung und Weiterbildung, Klärung von Lohn- und Sozialfragen,
- das Überwachen von Ordnung, Disziplin und Sicherheitsvorschriften,
- die tägliche Information der Gruppe über Leistungsentwicklung,
- die Auswertung von Qualitätsbeanstandungen.

Die Gruppenarbeit unter Projektbedingungen wird von verschiedenen Problemen überschattet. Exemplarisch werden die folgenden drei Problemkreise herausgegriffen:
- die Reduktion der Gruppengrösse,
- die herrschende Unklarheit bezüglich der zu erreichenden Leistung,
- die Regelung der Lohnfrage.

Das Unternehmen will die Gruppen von 10 auf 7 Mitglieder reduzieren, weil befürchtet wird, dass sonst für den einzelnen in der Gruppe zuwenig Arbeit vorhanden sei und die Projektkosten überschritten würden. Die Werkleitung ist gegen die Ausgliederung von Mitgliedern aus den Montagegruppen. Sie meint, die Reduktion führe zu einem inadäquaten Verhältnis von Personen und Arbeit. Müsste zudem später ein neuer Mitarbeiter in die Gruppe aufgenommen werden (oder ein Gruppenmitglied ausgewechselt werden), besässe dieser einen Qualifikationsrückstand zu den anderen und die Integration in die Gruppe sowie in den Produktionsablauf wäre aufwendig. Auch die Gruppen sprechen sich gegen eine Ausgliederung aus. Der Interessenskonflikt wird "gelöst", indem die Unternehmung ihre Entscheidung durchsetzt und die Reduktion gegen den Willen von Werkleitung und Gruppenmitgliedern durchführt. Dieses Vorgehen bewirkt, dass bei den Mitarbeitern Resignation spürbar wird; das Recht auf Mitsprache wird generell in Frage gestellt.

Nach Anlaufen der Gruppenarbeit tritt ein weiteres Problem - Leistungsrückstand - auf. Laut Zielvorgabe des Projektantrages sollte vier Monate nach Einführung der

Gruppenmontage in der Produktion die "Endleistung" von 25 Motoren pro Tag und Gruppe erreicht werden. Die Fallstudie zeigt, dass die von den Montagegruppen erreichte Leistung bei ca. 25% der angestrebten Solleistung liegt.

Die Gruppenmitglieder sind aufgrund ihrer bisher ausgeübten Tätigkeiten in unterschiedliche Lohngruppen eingestuft. Durch die Arbeit in Montagegruppen und der damit verbundenen Arbeitsaufteilung (die anfallenden Tätigkeiten werden gleichermassen auf alle Gruppenmitglieder aufgeteilt) entsteht der Zustand von ungleicher Entlohnung bei gleicher Arbeit. Die Gruppenmitglieder fühlen sich ungerecht behandelt und wollen wissen, wie sie für die geforderte Leistung entlohnt werden. Die in der Fallstudie protokollierten Mitarbeiter-Interviews machen deutlich, dass infolge dieser ungeklärten Situation der Lohn an Bedeutung zunimmt.

Weiter werden in der Fallstudie auftretende Konflikte zwischen Arbeitnehmern und Arbeitgebern aufgezeigt, die sich unter anderem auf die Frage nach dem Verbleib der Gruppenmitglieder nach dem Projektende beziehen, fehlende Kooperationsbereitschaft von seiten der Werkleitung ansprechen und rechtliche Probleme bezüglich der Teilautonomie aufwerfen. Interviews mit verschiedenen Betroffenen werden protokolliert und Vor- sowie Nachteile der neuen Arbeitsstruktur diskutiert (detailliertere Angaben in [Ulich 80]).

Im Kapitel 6 werden die Daten und die Beschreibung der Situationen aus dieser Fallstudie systematisch in das Mitarbeiter-Organisations-Modell aufgenommen, wobei der Schwerpunkt auf dem Gruppenbildungsprozess und den Problemen bei der Arbeit unter neuen Arbeitsbedingungen liegt. Weiterführende Ergebnisse, beispielsweise die Rückkehr zu früheren Arbeitsstrukturen werden im Modell nicht berücksichtigt.

5 Epistemologische Analyse

Aus epistemologischer Sicht wird das Wissen, das zur Modellierung und späteren Nutzung des Mitarbeiter-Organisations-Modells MOMo benötigt wird, analysiert. Diese Analyse umschliesst bereichspezifisches Wissen über den Problembereich auf der einen Seite, generelles Kontrollwissen auf der anderen. Vier verschiedene Wissenskategorien werden beschrieben und hierarchisch gegliedert. Jede Kategorie zeichnet sich durch bestimmte Primitiva zur Darstellung des Wissens aus. Konzeptionell wurden diese Primitiva bereits im Kapitel 3 vorgestellt; im folgenden werden sie zur Abbildung des Problembereiches herangezogen.

Untersucht wird hier der Problembereich Organisationswelt, insbesondere die Handlungen und das Verhalten von Managern und Mitarbeitern in einer betrieblichen Organisation. Anhand einer epistemologischen Analyse dieses Problembereiches soll Erkenntnis gewonnen werden über das Wissen, das auf verschiedenen Ebenen für diesen Bereich relevant ist.

Interessant ist dasjenige Wissen, welches die Dynamik im Modell beschreibt, da die Verwendung wissensbasierter Techniken in der Simulation auf neue Beschreibungs- und Analysemöglichkeiten für dynamische Systeme verweist. Beispielsweise ermöglichen die Primitiva eine explizite Darstellung von üblicherweise prozedural dargestelltem Wissen. Die klare Unterscheidung von verschiedenen Arten von Wissen, unterstützt die Modellierung und verbessert die Kontrolle über die Abläufe im Modell.

5.1 Kategorien von Wissen

Zum Lösen von Problemen wird meist Wissen verschiedener Art benötigt (z.B. das Wissen über die Abfolge von Lösungsschritten, das Wissen um die Abhängigkeiten zwischen verschiedenen Fakten des Problembereiches, etc.). Mit Blick auf die Rolle, die das Wissen im Problemlösungsprozess spielt, lassen sich verschiedene Kategorien von Wissen bilden.

Anlehnend an die von Wielinga stammende Kategorisierung von Wissen werden die folgenden vier Kategorien unterschieden: Strategie-Wissen, Aufgaben-orientiertes

Wissen, Inferenz-Wissen und bereichsspezifisches Wissen [Wielinga 87]. Jede dieser Kategorien ist einer separaten Ebene zugeordnet, die ihrerseits den Anwendungsbereich des entsprechenden Wissens reflektiert (Figur 5.1). Die Ebenen sind hierarchisch geordnet; jede Ebene nimmt Bezug auf und benötigt die darunterliegende Ebene. Das Wissen einer Ebene abstrahiert von den Wissenselementen der nächst tieferliegenden Ebene.

Figur 5.1: Wissenskategorien [Wielinga 87]

Im folgenden wird untersucht, zu welchem Teil der Problemlösung das Wissen auf den verschiedenen Ebenen gehört resp. welches Wissen auf jeder einzelnen Ebene verfügbar sein muss. Die Analyse beginnt bei der generellen Problemstellung und zieht sich bis zur bereichsspezifischen Ebene, d.h. der Weg führt vom Modell zu seinen Elementen. Mit dieser Vorgehensweise werden auf jeder Ebene die Anforderungen an die Konstrukte der darunterliegenden erkannt. Auf der obersten Ebene - sie reflektiert das strategische (Modell-)Wissen - lassen sich also bereits die verschiedenen Aufgaben bezeichnen, die auf der Aufgabenebene ausgeführt werden müssen, um die formulierten Strategien abzubilden.

5.2   Strategien

Das Modell wird mit dem Ziel konstruiert, Organisationsabläufe (ökonomisch-technischer wie auch psycho-sozialer Natur) nachzubilden; die verschiedenen Agenten sowie die Schauplätze ihrer Handlungen sind - zumindest hinlänglich - bekannt. Wie wird die Dynamik im Modell erzeugt und kontrolliert? Das Wissen auf dieser obersten Ebene, das sogenannt strategische Wissen, ist verantwortlich für die Steuerung und Kontrolle von Abläufen im Modell, dazu gehört beispielsweise die Koordination der auszuführenden Aufgabenschritte. Auf dieser Ebene befindet sich also der Plan für den

Modellverlauf; er kann während der Modell-Laufzeit nicht abgeändert werden. Um einen solchen Plan zu erstellen, sind einige grundsätzliche Überlegungen bezüglich der im Modell ablaufenden Prozesse notwendig.

5.2.1 Modelldynamik

Generell definiert sich die Dynamik im Mitarbeiter-Organisations-Modell aus den Übergängen von einem Modellzustand in den nächsten. Solche Zustandsübergänge können auf verschiedene Art und Weise ausgelöst worden sein. Unterschieden werden:
- zeitlich, kausal und durch weitere Beziehungen bedingte Zustandsübergänge,
- von Agenten verursachte Übergänge (dazu zählen modellinterne Aktionen als auch modellexterne Manipulationseingriffe).

Die erstgenannten Ursachen für Zustandsübergänge sind passiver Natur. Wie in herkömmlichen Simulationsmodellen sind sie verantwortlich für das Verhalten des Modells. MOMo repräsentiert jedoch ein agierendes System - im Unterschied zu einem ausschliesslich "sich verhaltenden" System. Die Agenten sind die handlungsfähigen Objekte im Modell; in MOMo sind das die Mitarbeiter, die Kollektiva (insbesondere die autonomen Arbeitsgruppen) und die Instanzen (Werkleitung, Unternehmung). Aktiv und handlungsfähig ist im weiteren der Manager, der - wie bereits erwähnt - in der ersten Modellversion (vgl. Kapitel 4) als autonomer Agent - im Sinne eines Computermodells, das bestimmte "intelligente" Aktivitäten ausführt - repräsentiert wird. In der Modellversion 2 hingegen steht im Mitarbeitermodell ein passiver "Platzhalter", das Objekt UP-Figur, dessen Handlungen vom externen Manager resp. vom Untersuchungspartner gesteuert werden. Im Unterschied zu den Agenten im Modell, deren Wahrnehmungs- und Interpretationsmechanismen und die von ihnen bevorzugten Verhaltensmuster explizit vorhanden sein müssen, ist in dieser zweiten Modellversion die Basis für die Entscheide und Handlungen des Managers oder Untersuchungspartners - die Subjektiven Organisationstheorien - nicht Bestandteil des Modells.

Die von Agenten verursachten Zustandsübergänge sind aktiver Natur. Analog zu Personen in einer realen Organisationswelt reagieren die Agenten im Modell auf veränderte oder neue Zustände resp. agieren wenn sich Zustände ändern, was wiederum (diesmal aktiv hervorgerufene) Zustandsübergänge zur Folge hat. Ist beispielsweise die Stellung eines Mitarbeiter-Agenten innerhalb der Organisation bedroht, wird er dadurch zum Handeln veranlasst. Eine veränderte oder neue Situation kann eine neue Zielsetzung motivieren oder die Umorientierung einer bestehenden bewirken. Diese Zielsetzung figuriert dann als Referenzpunkt für weiteres Handeln.

Beispiel: Der Produktionsabteilung ist eine bestimmte Produktionsrate vorgegeben. Bei rückläufiger oder ungenügender Produktivität wird die Werkleitung versuchen, diese zu steigern. Das Mass der Produktivität wird zu einem Ziel, dessen Relevanz dadurch steigt, dass aktuelle Werte nicht den Vorgaben entsprechen.

Ergänzend sei hier erwähnt, dass es neben den Zielen, die durch Änderung der Situation entstehen, auch sogenannte Motive gibt, d.h. langfristige Ziele, die zu den spezifischen Merkmalen eines Agenten gehören und auch dann verfolgt werden, wenn kein äusserer Antrieb vorhanden ist.

Beispiel: Wachstum, Gewinn und Image sind Ziele der Unternehmung, die als Motive bezeichnet werden. Sie besitzen eine Langzeitwirkung und müssen deshalb nicht sofort erfüllt werden, sondern können durchaus kurzfristigen Zielen den Vorrang lassen.

Wird ein Ziel angesprochen oder neu erzeugt, beginnt die Suche nach adäquaten Handlungsmöglichkeiten zur Erreichung diese Zieles. Diese Handlungen rufen wiederum neue Modellzustände hervor. Sowohl ein neuer Modellzustand, der sich beispielsweise durch die Änderung des Merkmalswertes eines Objekts ergibt oder durch die Diskrepanz zwischen einem aktuellem Wert und dem Sollwert eines Merkmals wie auch eine Aktion (z.B. das Informieren anderer Gruppenmitglieder), zählen im Modell zu den Ereignissen. Aktionsereignisse werden ausschliesslich von Agenten (oder von der modellexternen Versuchsleitung) ausgelöst. Der Begriff Ereignis beschränkt sich hier also nicht auf seine umgangssprachliche Verwendung - als Bezeichnung von etwas, das sich vom alltäglichen abhebt -, sondern umfasst alles, was als Aktion ausgeführt werden kann. Ereignisse sind von zentraler Bedeutung, denn sie kontrollieren bei ereignis-orientierter Simulation die Dynamik im Modell. Die folgende Typisierung von Ereignissen ist keineswegs vollständig, sondern dient dazu, anhand von Kriterien einige Unterschiede herauszuarbeiten.

5.2.2 Ereignistypen

Ein erstes Kriterium zur Einteilung von Ereignissen fragt, durch wen oder was ein Ereignis ausgelöst wurde; die möglichen Ursachen für die Entstehung eines Ereignisses wurden im letzten Abschnitt bereits aufgezählt.

Unerwartete und erwartete Ereignisse

Ein zweites Kriterium klärt ab, ob ein Ereignis unerwartet oder erwartet eintrifft. Es gibt die Gruppe jener Ereignisse, die modellextern von der Versuchsleitung erzeugt werden, um zusätzliche Einflussfaktoren zu simulieren.

Beispiel: Die Versuchsleitung verkürzt die Gesamtarbeitszeit, verteuert die Preise von Rohstoffen oder verschärft die Konkurrenzbedingungen.

Diese Ereignisse sind von den Agenten nicht beeinflussbar und werden von ihnen auch nicht erwartet. Allerdings liessen sich solche Ereignisse basierend auf der "rational expectations" Theorie hypothetisch berechnen [Beenstock 83]. Vereinfachend werden im Mitarbeiter-Organisations-Modell Ereignisse nur dann erwartet, wenn ihnen eine agenten-eigene Handlung vorangeht (z.B. Lohnforderung und erwartete Lohnerhöhung). Diese erwarteten Ereignisse werden innerhalb der Modellwelt generiert, indem Agenten agieren, d.h. "bewusst" bestimmte Handlungen ausführen oder Entscheidungen treffen.

Beispiel: Die Unternehmung (im Modell als kollektiver Agent dargestellt) beschliesst, die Grösse der Montagegruppen zu reduzieren. Das Ereignis "Gruppengrösse reduzieren" wird von der Unternehmung geplant, sie knüpft daran auch eine bestimmte Erwartung. Von den Gruppen wird dieses Ereignis allerdings nicht erwartet.

Wiederum andere Ereignisse im Modell treffen zufällig ein (z.B. Abweichungen zwischen einem aktuellem Wert und seinem Sollwert, Absenz eines Mitarbeiter-Agenten, Ausfall einer Maschine oder eines Arbeitsplatzes). Viele von ihnen zählen zu den asynchronen Ereignissen; das Eintreffen eines asynchronen Ereignisses ist zwar (zeitlich) nicht vorausbestimmbar, kann jedoch einkalkuliert werden. Oft kann ein zeitliches Intervall angegeben werden, innerhalb dessen ein bestimmtes Ereignis (erwartungsgemäss) eintreffen wird.

Resultat und Konsequenz eines Ereignisses

Ein weiteres Unterscheidungskriterium liefert die Frage, was die Folgen von Ereignissen im Organisationsalltag sind. Dabei wird differenziert zwischen dem Resultat (result) eines Ereignisses und seiner Konsequenz (outcome). Als Resultat wird derjenige Zustand bezeichnet, in dem sich das Modell infolge des Ereignisses befindet. Der Begriff Konsequenz bezieht sich auf die Reaktion der Agenten, wenn diese das Ereignis aus ihrer Sicht beurteilen.

Beispiel: Der Manager beschliesst, die Grösse der einzelnen Montagegruppen zu reduzieren. Das Resultat dieses Ereignisses ist die Verschiebung von Agenten (an andere Arbeitsplätze). Der Eindruck der restlichen Gruppenmitglieder, die anfallende Arbeit sei nicht mehr zu bewältigen, und der subjektiv empfundene Leistungsdruck sind die Konsequenzen dieses Ereignisses.

Eine genaue Beschreibung von Resultaten und Konsequenzen folgt auf der Ebene des Aufgabenwissens.

Ereignissequenzen

Denkbar ist, dass ein Ereignis eine Sequenz von Ereignissen (Zuständen und Aktionen) auslöst; einerseits kann das Ereignis selbst - als Zustand - aufgrund zeitlicher, kausaler und anderer Beziehungen im Modell einen neuen Zustand auslösen, anderseits können Agenten, die aufgrund ihrer Wahrnehmung und Interpretation eines Zustandes agieren, einen neuen Modellzustand bewirken. Erwähnt wurden bereits diejenigen Ereignisse, die bei den Agenten Ziele erzeugen. Beispiele sind Erhaltungsziele wie Sicherheit und Besitz oder Leistungsziele wie Macht, Einfluss und Fähigkeit. In [Schank & Abelson 77] findet sich eine Klassifikation von Zieltypen.

Beispiel: Ungleiche Entlohnung lässt die Fluktuationsrate ansteigen. Die Werkleitung erfährt von der neuen Fluktuationsrate und sieht dadurch den Produktionsablauf im Werk gefährdet. Sie beschliesst, die Bedingungen am Arbeitsplatz zu verbessern. Neue Arbeitsbedingungen führen wiederum zu Reaktionen bei den Mitarbeiter-Agenten.

Reaktionen bedingende Ereignisse

Es gibt Ereignisse im Modell, die für den Agenten, den sie betreffen, einen Aufforderungscharakter besitzen, d.h. sie provozieren beim Agenten eine Reaktion. Meist sind dies Aktionsereignisse, die bei der Interaktion zwischen den Agenten entstehen (z.B. einen Auftrag erteilen, Informationen überbringen, Informationen anfordern). Falls der Agent durch eine Handlung auf ein solches Ereignis reagiert, bezeichnet diese Handlung die Reaktion, falls er aber nicht handelt, dann wird das Ignorieren des Ereignisses als Reaktion aufgefasst (vgl. symbolischer Austausch in Kapitel 4). Verschiedenen Faktoren bestimmen die Reaktion auf ein Ereignis resp. das Verhaltensmuster des Agenten:

* die Wahrnehmung und Interpretation des Ereignisses. Die Evaluation geschieht auf dem Hintergrund von agentenspezifischen Merkmalen (z.B. Einstellung zur Arbeit und zum Vorgesetzten, Persönlichkeit, Motivation, Erfahrung).
* die situationsspezifischen Merkmale (z.B. vorhandene Ressourcen, der Zeitpunkt des Ereignisses, allgemeine Restriktionen der Organisationsumgebung).
* Zufallsfaktoren.

Diese, die Reaktion auf Ereignisse bestimmende Kombination von individueller oder kollektiver Wahrnehmung und Interpretation, basierend auf den Zielen, die kurzfristig erreicht werden wollen, auf den hintergründigen Motiven und auf agenten-spezifischen Eigenschaften, aber ebenso festgelegt durch die situationsbeschreibenden Merkmale (z.B. Ort und Zeit), findet sich in den bereits früher erwähnten Prototypischen Organisationsbildern (POB). Die POB sind verantwortlich für die Ausführung eines entsprechenden Reaktions- oder Aktionsmusters (vgl. dazu auch [Ortony et al. 87]).

5.2.3 Modell-Zyklus

Figur 5.2 skizziert einen Zyklus im Mitarbeiter-Organisations-Modell MOMo. Er berücksichtigt die zweite Modellversion, d.h. er zeigt auch die Verbindung zum modellexternen Manager oder Untersuchungspartner, der via UP-Figur mit dem Modell interagiert (diese Verbindung fehlt in der ersten Modellversion, da dort der Manager-Agent neben den anderen Agenten im Modell vertreten ist).

Der Zyklus lässt sich folgendermassen beschreiben: Ereignisse werden von Agenten aufgenommen und mit Hilfe ihrer Prototypischen Organisationsbilder interpretiert. Die Agenten erzeugen Reaktionen oder Aktionen, die wiederum als Ereignisse den Modellverlauf bestimmen. Manche Ereignisse rufen selbst direkt neue Zustände und

Aktionen (neue Ereignisse) hervor. Ereignisse, welche die UP-Figur betreffen, werden an den externen Manager oder Untersuchungspartner weitergeleitet. Seine Entscheide und Handlungsweisen fliessen ins Modell wiederum in Form von Ereignissen.

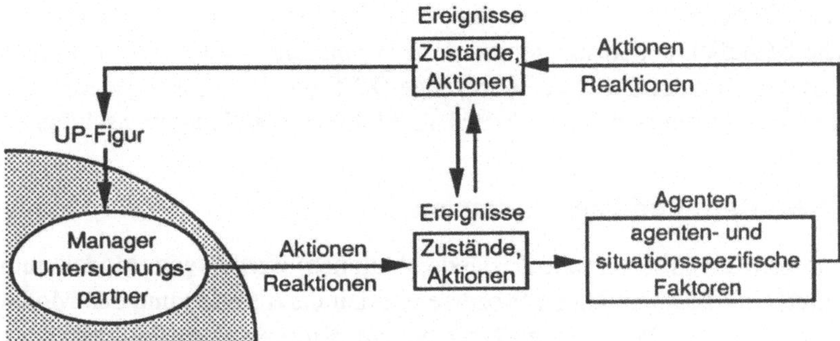

Figur 5.2: Dynamik des Modells

Ausgehend vom Kreislauf mit den Stationen: modellinterne Aktionen und Reaktionen, modellexterne Aktionen und Reaktionen, Ereignisse sowie dazugehörige Zustände und Zustandsänderungen, lässt sich die nächst tiefere Wissensebene, die Aufgabenebene, analysieren.

5.3 Aufgaben

Wird mit dem strategischen Wissen der Problembereich auf abstrakter Ebene in verschiedene Komponenten unterteilt und das Zusammenspiel zwischen diesen koordiniert und kontrolliert, so gilt es auf der nächst tieferen Ebene, die einzelnen Komponenten zu analysieren und auf dem Hintergrund der Modelldynamik die verschiedenen Aufgaben im Problemlösungsprozess zu bezeichnen und zu beschreiben. Folgende Aufgaben lassen sich definieren:

* die Beschreibung von Resultaten und Konsequenzen der verschiedenen Ereignistypen (neue Modellzustände lassen sich charakterisieren durch ökonomisch-technische oder psycho-soziale Merkmale, welche ihrerseits Zustandsänderungen nach sich ziehen oder Aktionen provozieren. Abweichungen zwischen aktuellen Werten und Sollwerten generieren Ziele, tangieren Motive und rufen bei Agenten Reaktionen hervor. Ereignisse führen direkt oder über die Prototypischen Organisationsbilder zu Reaktionen).
* der Aufbau von Prototypischen Organisationsbildern, ihre Beziehungsstruktur im Mitarbeitermodell und ihre Verknüpfung mit Objekten im Organisationsmodell.

Weitere Aufgaben, die aber nicht spezifisch mit dem hier vorgestellten Modell und dem abgebildeten Problemkreis zusammenhängen, sondern auch für andere Anwendungen gelten, betreffen die Ausgabe von Zwischen- und Endergebnissen der Simulation (z.B. Statistiken, Berichte über den Status quo, zeitlicher Verlauf von Variablenwerten). Viele Wünsche bezüglich der Resultate und der Präsentation von Resultaten werden bereits durch das Angebot der Software-Werkzeuge (KEE und SimKit) abgedeckt; spezifische Anforderungen lassen sich dann bei der Durchführung von Simulationsläufen angeben.

5.3.1 Resultate und Konsequenzen

Resultate von Ereignissen (neue Zustände, Aktionen) werden vom Modell automatisch verarbeitet. Um die ablaufenden Prozesse explizit darzustellen und den Modellverlauf transparenter zu gestalten, werden Ursache und Wirkung eines Ereignisses explizit in kausale Abhängigkeit gestellt und mit dem auf der Inferenzebene beschriebenen Primitivum der Kausalität, dargestellt. Die Kausalitätsbeziehung wird aktiviert, wenn ein Ereignis die als Kausalitätsursache deklarierte Grösse betrifft. Die als Kausalitätswirkung beschriebene Aktion oder Zustandsänderung wird entsprechend ausgelöst. In der Kausalitätsbeziehung zusätzlich angegeben sind zeitliche Bedingungen, welche bewirken, dass Folgezustände beispielsweise erst mit Verzögerung eintreten.

Neue Zustände

Ein neuer Zustand stellt - unabhängig von jeglicher Interpretation - eine faktische Modellgegebenheit dar (für die Agenten im Modell ein Faktum des Organisationsalltags). Neue Zustände rufen selbst weitere Veränderungen hervor (z.B. der Preis eines Produktes steigt, weil die Rohstoffe oder die Einzelteile, die dafür eingekauft werden, teurer geworden sind) oder lösen Aktionen aus (z.B. Anpassen der Schichtzeiten aufgrund der verkürzten Gesamtarbeitszeit).

Neue Zustände können tendenziell positiv oder negativ bewertet werden, je nach Disposition der Betroffenen. Reaktionen auf neuen Zustände manifestieren sich entweder dadurch, dass agentenspezifische Merkmalswerte sich verändern (z.B. Stresszunahme, Motivationssteigerung, Leistungsverminderung, Konkurrenzdenken) oder aber sie treten selbst in Form von Aktionen auf (z.B. Verhandlungen in der Gruppe oder mit dem Vorgesetzten, Meldungen an die Unternehmung). Reaktionen erhalten ihre Ausprägung über die Prototypischen Organisationsbilder, deren Inhalt je nach Situation und agentenspezifischen Merkmalen eine bestimmte Interpretation des Ereignisses und mögliche Verhaltensmuster umfasst (Figur 5.3).

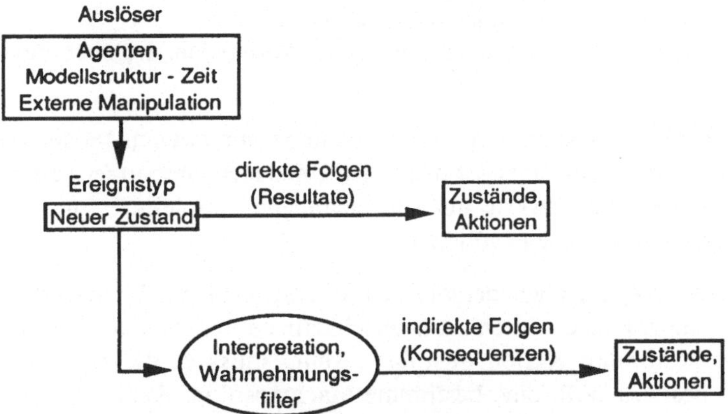

Figur 5.3: Neue Zustände als Ereignisse

Abweichungen

Das Ereignis Abweichung tritt ein, wenn bei Merkmalen, die durch einen Sollwert (oder Erwartungswert) und einen aktuellen Wert charakterisiert sind, eine Differenz entsteht. Im Modell wird die Entwicklung solcher Wertepaare überwacht. Jede Abweichung wird registriert und der lokalen Umgebung gemeldet. Bei Agenten, die von der Abweichung betroffen sind, werden aufgrund solcher Meldung Ziele generiert, Motive angesprochen oder Reaktionen ausgelöst.

Beispiel: Der aktuelle Lohn eines Mitarbeiters liegt unter seinen Lohnerwartungen oder der vertraglich festgelegten Lohnzahlung. Dadurch entsteht beim Mitarbeiter das Ziel nach besserer Entlohnung.

Abweichungen ergeben sich während dem Simulationslauf aufgrund von zeitlichen kausalen und weiteren Modellbeziehungen. Wird ein Merkmalswert verändert, dann pflanzt sich diese Veränderung auf abhängige Merkmale fort. Beispiele für zeitabhängige Veränderungen sind Anfälligkeit von Maschinen oder Fertigkeit beim Ausüben einer Tätigkeit. Abweichungen treten auch auf, wenn durch eine Zielvorstellung eines Agenten der Sollwert einer Grösse angehoben wird. Sind erstens Sollgrössen vorhanden (notwendige Bedingung für das Auftreten einer Abweichung) und ist zweitens ein Agent von den Abweichungen betroffen (hinreichende Bedingung), d.h. besitzt der Agent selbst oder seine nahe Umgebung (z.B. Gruppe, Unternehmung) Sollvorstellungen über den betreffenden Merkmalswert (z.B. Lohn, Produktivität, Infomationsaustausch), dann wird als oberstes Ziel die Angleichung an den Sollwert und damit die Aufhebung der Abweichung postuliert. Dieses Ziel wird auf zwei Arten verfolgt:
- Die Beziehungen zwischen dem Merkmal, dessen Wertepaar eine Abweichung zeigt, und anderen Objektmerkmalen werden aktiviert. Über diese Beziehungen lässt sich die Abweichung beim betroffenen Merkmal beeinflussen. Notwendige

> Voraussetzung für dieses Vorgehen ist die Existenz von Kausalitätsbeziehungen zwischen Objekten oder Objektmerkmalen im Modell.
> - Ein Prototypisches Organisationsbild ist vorhanden, welches die möglichen Verhaltensmuster des Agenten beschreibt.

Eine Ausnahme bildet auch hier die UP-Figur in der zweiten Modellversion. Ihre Handlungen werden vom Manager resp. vom Untersuchungspartner bestimmt. Dieser kann beliebige Merkmalswerte als Abweichungen von seinen - nicht im Modell gespeicherten - Vorstellungen auffassen.

Sind verschiedene Agenten von der gleichen Abweichung betroffen und erhalten folglich dieselbe Meldung, können durchaus unterschiedliche Reaktionen erfolgen. Damit ein Agent eine bestimmte Aktion ausführen kann, muss er die dafür notwendigen Ressourcen besitzen (z.B. eine bestimmte Machtposition, Fähigkeiten, Ausbildung, Zeit). Da die Agenten unterschiedliche Ressourcen zur Verfügung haben, sind auch die Aktionen unterschiedlich und - wiederum abhängig von den Ressourcen - mehr oder weniger erfolgreich.

Beispiel: Die Lohneinstufung liegt unter dem Sollwert. Mögliche Aktionen sind: mit dem Vorgesetzten verhandeln, mit Kündigung drohen, den Arbeitseinsatz reduzieren oder in eine andere Abteilung wechseln.

Aktionen aus der Sicht der Agenten

Grundsätzlich sind alle Agenten handlungsfähig; es gibt jedoch Unterschiede bei der Initialisierung der Aktionen. Sollen die Aktionen von Agenten stammen, besteht immer die Möglichkeit, diese "pseudo-intern" (nämlich durch externe Eingriffe der Versuchsleitung) zu erzeugen. Andernfalls müssen sofern die Aktionen nicht durch vorangehende Ereignisse ausgelöst werden, spezielle Auslösemechanismen vorhanden sein. Ein solcher Auslösemechanismus ist beispielsweise die Abarbeitung von sogenannten "Motivbäumen" (hierarchische Darstellung meist langfristiger Ziele), deren einzelne Knoten die festbleibenden Ziele und Unterziele eines Agenten repräsentieren. Jeder dieser Knoten verweist auf eine oder mehrere Aktionen, die der Erreichung des Motives dienen. In bestimmten Abständen werden die Motive eines Agenten automatisch aktiviert und die definierten Aktionen durchgeführt. Die Motive eines Agenten sowie die entsprechenden Aktionen sind bereits bei Simulationsbeginn festgelegt.

Beispiel: Die Verbesserung der Arbeitsplätze und die Steigerung der Arbeitsqualität ist ein Motiv der Unternehmung. Damit verbunden ist die Aktion "Einführung einer neuen Arbeitsstruktur".

An die Aktionen bindet der handelnde Agent bestimmte Erwartungen, die, falls sie nicht erfüllt werden, Reaktionen produzieren. Im Modell wird diese Abfolge von Aktion, Erwartung und Reaktion abgebildet, indem das Objektmerkmal, das im Zentrum der Aktion steht (z.B. Lohn, Arbeitsplatz, Mitbestimmung, Produktivität), beim Agenten einen Erwartungswert (Sollwert des Merkmals) erzeugt. Dieser Wert entspricht dem

Sollwert, der bereits beim Konzept der Abweichung aufgetreten ist. Im Unterschied zu früher erwähnten Abweichungen sind die Abweichungen von einem Erwartungswert nicht zufällige Ereignisse, sondern werden auf missglückte Aktionen zurückgeführt. Sie generieren nicht Ziele, sondern rufen Reaktionen hervor. Eine Aktion ist also verbunden mit dem Erwartungswert des Agenten und verweist auf mögliche Reaktionen, die dann zum Zuge kommen, wenn die Aktion nicht die gewünschte Wirkung zeigt.

Beispiel: Wenn der Mitarbeiter um eine Gehaltserhöhung nachsucht, verknüpft er damit die Erwartung, diese auch zu erhalten, andernfalls hätte er seine Bitte wohl kaum geäussert. Spätestens zu diesem Zeitpunkt besitzt der Mitarbeiter eine Lohnvorstellung; wird diese nicht erfüllt, reagiert er vielleicht mit Resignation (weniger Sorgfalt bei der Arbeit, Motivationsrückgang) oder mit Ärger (geringerer Arbeitseinsatz, Androhung von Kündigung).

Einem Agenten stehen meist mehrere Verhaltensweisen für die Erreichung eines Zieles offen; ebenso können hinter ein und derselben Aktion mehrere, unterschiedliche Zielsetzungen stehen.

Beispiel: Ordnet der Manager Überstunden an, dann bezweckt er damit, entweder den Leistungsrückstand aufzuholen, die Loyalität der Arbeiter zu prüfen oder aber ein Rekrutierungsproblem hinauszuschieben.

Bei den Agenten sind die Handlungsalternativen, die zur Erreichung eines Zieles eingesetzt werden oder als Reaktion auf Ereignisse in Frage kommen, in den POB vordefiniert und bestimmen - zusammen mit weiteren Informationen - das Verhalten der Agenten.

Reaktionen auf Aktionen

Aktionsereignisse (von Agenten oder von der Versuchsleitung erzeugt) richten sich entweder auf das Organisationsmodell und betreffen dort Objekte der (ökonomisch-technischen) Organisationswelt, oder sie betreffen andere Agenten.

Beispiel: Der Manager weist die Mitarbeiter an, eine bestimmte Zahl von Überstunden zu leisten. Die Mitarbeiter werden mit dem "Überstunden leisten" konfrontiert.

Interaktionen zwischen den Agenten werden als Meldungen übermittelt; die Anzahl der Meldungen, die ein Objekt empfangen kann ist vorgegeben (jedoch jederzeit erweiterbar). Reaktionen auf Meldungen sind abhängig von agenten- und situationsspezifischen Merkmalen und dem Zeitpunkt der Meldung. Verschiedene Meldungen können dieselbe Reaktion produzieren ("Default"-Reaktionen, wenn spezifische Angaben fehlen). Vereinfacht wird angenommen, dass Agenten diejenigen Meldungen, die sie erhalten grundsätzlich entweder positiv oder negativ beurteilen. Diese Klassifizierung geschieht aufgrund einiger weniger Merkmale.

Beispiel: Interpretiert wird das Ereignis "Einführung einer neuen Arbeitsstruktur": Bei positiver Einstellung, deren Indikatoren Arbeitszufriedenheit, Identifikation mit der

Firma, Aufgeschlossenheit und Flexibilität sind, reagiert der Mitarbeiter mit Arbeitsmotivation, Übernahme von Verantwortung und Freude am Erlernen neuer Tätigkeiten.

Beispiel: Interpretiert wird das Ereignis "Überstunden leisten": Bei negativer Einstellung, deren Indikatoren geringe Loyalität, wenig Teamgeist, kein Interesse an der Arbeit sind, wird der Mitarbeiter diese Überstunden widerwillig absolvieren. Geringer Arbeitseinsatz, viele Fehler und Absentismus sind die Folgen.

Meldungen, die von einem Agenten empfangen werden, stellen aufgrund ihres Inhaltes eine Verbindung zu seinen entsprechenden Prototypischen Organisationsbildern her. Die Meldung enthält zusätzliche Information, die an das POB geleitet wird (z.B. Auslöser und Zeitpunkt des Ereignisses).

5.3.2 Aufbau der Prototypischen Organisationsbilder

Die Prototypischen Organisationsbilder werden im Modell als eigenständige Objekte repräsentiert. Ihre Darstellung orientiert sich an verschiedenen Ansätzen aus der Fachliteratur. Aikins verwendet in seinem medizinischen Expertensystem CENTAUER das Konstrukt der Frames, um typische Krankheitsbilder im Bereich Lungenphysiologie darzustellen [Aikins 83] [Aikins 84]. Diese Frames nennt Aikins Prototypen (prototypes); sie dienen als Basis für den Vergleich mit aktuellen Krankheitsvorkommen. In KRL (Knowledge Representation Language [Bobrow & Winograd 77]) wurden Frames verwendet, um Prototypen oder sogenannt "hypothetische Individuen", d.h. typische Elemente einer Klasse, darzustellen.

Ähnlich wie die Prototypen von Aikins verfügen die POB-Frames über eine Menge von Merkmalen, denen verschiedene Funktionen zukommen:
* Namen zur Referenzierung des POB.
* Dokumentation, welche das prototypische Bild beschreibt.
* Kontrollinformation, um allenfalls weitere Information zur aktuellen Situation anzufordern (z.B. Fragen an die Aussenwelt) und um Erwartungen bezüglich einer Situation zu bestätigen resp. nicht zu bestätigen.
* Verweise auf allgemeinere, spezifischere oder alternative POB; ein Verweis zeigt auf den POB-Eigentümer selbst, damit die relevanten agentenspezifischen Eigenschaften und Merkmale mitberücksichtigt werden können.
* Verschiedene Aktionen und Reaktionen, welche die Verhaltensweisen des Agenten beschreiben.
* Informationen, die dazu dienen, weitere Situationsdaten (z.B. wer oder was hat das Ereignis ausgelöst?) zu erfassen.

Die Werte dieser Merkmale (einfache Merkmalswerte, Regeln, Prozeduren, andere Objekte im Modell oder andere POB) ergeben - zusammen betrachtet - das Bild einer typischen (durch den Wahrnehmungsfilter subjektiv geprägten) Organisationssituation.

Die POB enthalten also die Darstellung von Objekten und Zuständen der modellierten Organisation aus der Agenten-Perspektive und sind somit ein Beispiel "reflexiver Modellierung". Prozeduren stellen sicher, dass die Orientierung der Agenten am entsprechenden Bild stattfindet. Die POB sind untereinander verbunden (via die Verweise) und über verschiedene Kausalitäts- und Zeitbeziehungen (ebenfalls im POB - Frame spezifiziert) mit der übrigen Modellwelt verknüpft. Figur 5.4 zeigt ein leeres POB-Frame:

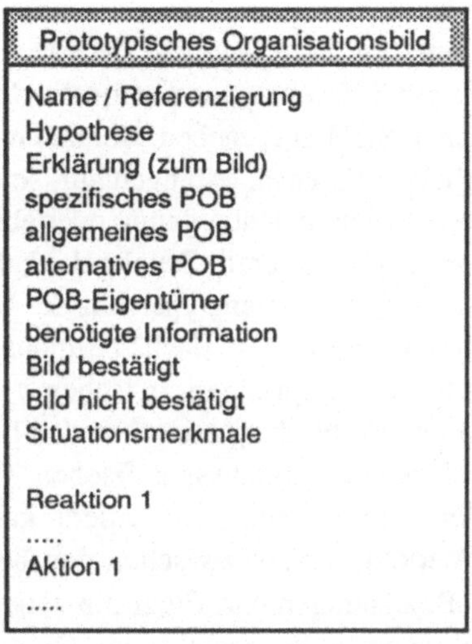

Figur 5.4: Das Prototypische Organisationsbild in framebasierter Darstellung

5.4 Inferenzen

In diesem Abschnitt werden verschiedene Inferenztypen und abstrakte Wissensprimitiva zusammen mit ihrer Rolle im Problemlösungsprozess vorgestellt. Aus der Perspektive der Aufgabenebene befinden sich auf der Inferenzebene die Bausteine, mit Hilfe derer sich die Aufgaben detailliert beschreiben lassen. Aus der bereichsspezifischen Perspektive (vierte Ebene) sind die Inferenzen die Operatoren auf dem statischen, bereichsspezifischen Wissen. Beispielsweise aktivieren die Inferenzprozeduren Beziehungen zwischen den Objekten und erschliessen neue Zustände aufgrund von Objektabhängigkeiten.

5.4.1 Inferenztypen

Inferenzen und Inferenzmechanismus - Ablauf und Steuerung von Inferenzen - sind Begriffe, die im Bereich der Expertensysteme eine zentrale Rolle spielen. Die Funktion einer Inferenz ist: ". . . to draw conclusions from the available data und the knowledge about the domain within the knowledge base. Any given inference process will be composed of a chain of immediate inference steps" [Reichgelt & Harmelen 85].

Analog zur Wissensrepräsentation wird auch bei der Darstellung von Inferenzen die monistische Position, d.h. ein Inferenztypus für unterschiedliche Problembereiche zugunsten einer pluralistischen Sicht aufgegeben. Bei den meisten Aufgabenstellungen treten nämlich unterschiedliche Wissensableitungen auf, so dass ein einziger Inferenztypus in vielen Fällen entweder nicht mächtig genug oder aber gar nicht in der Lage ist, die gewünschten Resultate zu produzieren. Reichgelt & Harmelen leiten relevante Kriterien für die Auswahl benötigter Inferenztypen aus der Natur des Modells resp. des modellierten Gegenstandsbereiches ab. Als "flach" bezeichnen sie diejenigen Modelle, deren Inferenzen empirische Verknüpfungen zwischen verschiedenen Phänomenen repräsentieren, d.h. die Art der Verbindung zwischen den beschriebenen Phänomenen ist oft unklar, weil sie auf keiner bereichsspezifischen Theorie basiert. Bei tiefen Modellen hingegen basiert die Inferenz auf einem kausalen Modell über den Gegenstandsbereich; die Verknüpfungen zwischen den beschriebenen Phänomenen stellen Ursache-Wirkungs-Beziehungen dar. Figur 5.5 zeigt exemplarisch das kausale Modell, das aktiviert wird, wenn in der modellierten Organisation die Arbeitsteilung zunimmt.

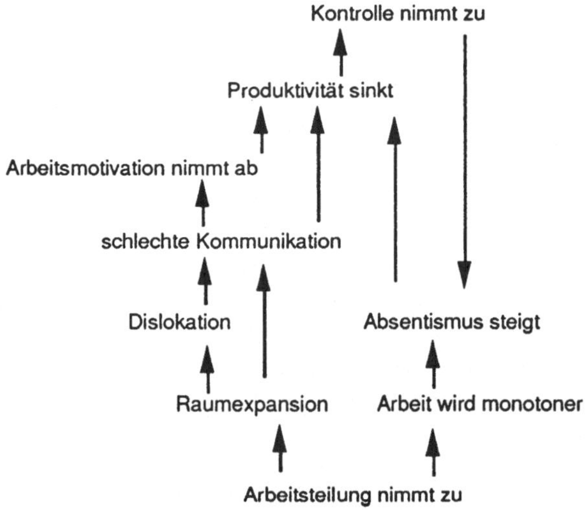

Figur 5.5: Kausales Teilmodell

Die Unterscheidung zwischen flachen (shallow) und tiefen Modellen (deep) stammt
ursprünglich von Hart (vgl. [Hart 82]).

Beziehung zwischen Objekten

Objekte und Objektmerkmale im Modell sind auf vielfältige Art miteinander verknüpft,
analog zu den verschiedenen Beziehungsarten, die in der Realität zwischen den Objekten
- vermeintlich oder tatsächlich - herrschen. Wie in Kapitel 2 ausgeführt, stützt sich die
Prototypentheorie von Rosch auf die Annahme, dass Eigenschaften der realen Welt in
Abhängigkeit zu anderen Eigenschaften auftreten und sowohl Objekte wie auch
Objektmerkmale als zusammengehörend wahrgenommen werden [Rosch et al. 76].

Beispiel: Wenn der Chef schlechte Laune hat, dann lehnt er alle Bitten ab. Die
Eigenschaft der aktuellen Situation, nämlich "schlechte Laune des Vorgesetzten"
wird verknüpft mit der Eigenschaft "Bitte wird abgeschlagen". (Wenn A, dann mit
grosser Wahrscheinlichkeit B).

Gemeinsam auftretende Merkmalswerte können somit zu Erfahrungsbildern
zusammengefasst und später als Orientierungshilfen herangezogen werden (vgl.
Ausrichtung auf den Prototypen einer Kategorie). Auch ganze Situationsabläufe lassen
sich unter dem Aspekt "Beziehung" betrachten:

Beispiel: Wenn ein Mitarbeiter im Team etwas an den Arbeitsbedingungen verändern
will, wird er seinen Verbesserungsvorschlag zuerst mit den Arbeitskollegen
diskutieren. Sind die Teammitglieder mehrheitlich einverstanden, unterbreitet er
den Vorschlag dem Vorgesetzten.

Noch ohne auf die Semantik von Beziehungen einzutreten, wird im folgenden die
Beziehung - inhaltsunabhängig - auf einer abstrakten Ebene beschrieben.

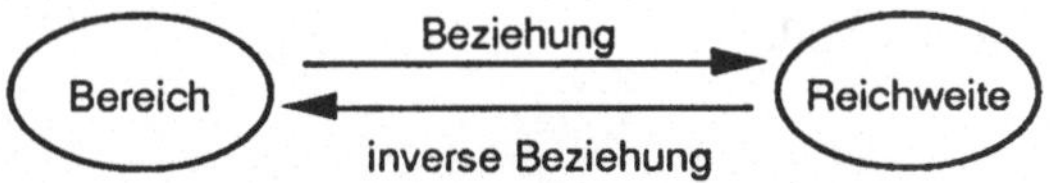

Figur 5.6: Allgemeine Beschreibung einer Beziehung

Figur 5.6 nennt vier Merkmale, welche allgemein eine Beziehung zwischen Objekten
charakterisieren [SimKit 86]:
- Der Bereich definiert sich aus den Objekten derjenigen Klasse, von der die
  Beziehung ausgeht.
- Die Reichweite umfasst jene Objektklasse(n), deren Elemente von der Beziehung
  betroffen sind.
- Die Beziehung benennt das Merkmal, welches die Beziehung implementiert (z.B.
  vererbt, beeinflusst, richtet sich auf). Dieses Merkmal wird als Eigenschaft den
  Bereichsobjekten zugeschrieben.

- Die inverse Beziehung bezeichnet das entsprechende Merkmal bei den Objekten der Reichweite.

Beziehungen werden im Modell mit Frames dargestellt. Figur 5.7 zeigt die allgemeine Beziehung und ein Beziehungsvorkommen. Weitere wichtige Beziehungstypen werden untersucht.

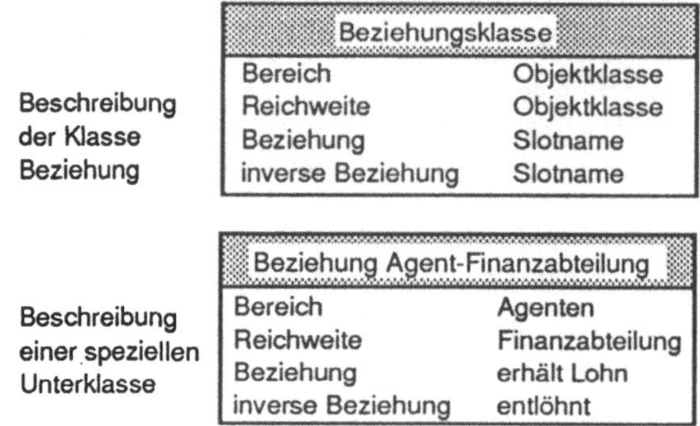

Figur 5.7: Framebasierte Darstellung von Beziehungen

Will man auf eine explizite Beziehungsbeschreibung verzichten - eine solche ist nicht immer notwendig - kann mit Hilfe von Methoden und Dämonen gearbeitet werden (vgl. Kapitel 3). In diesen Prozeduren werden die gültigen Beziehungen zwischen Objekten und Merkmalen definiert. Bereich und Reichweite sind im Programm-Code verankert, ebenso die Art und die Wirkungsweise der Beziehung (z.B. verändern eines Merkmalswertes, wenn ein anderer sich ändert, einfügen und löschen von Merkmalswerten und Merkmalen in Abhängigkeit der ebenfalls in der Prozedur beschriebenen Kontextbedingungen). Vorzuziehen ist diesen effizient arbeitenden Inferenzprozeduren die explizite Darstellung einer Beziehung allerdings dann, wenn der Modellverlauf transparent gemacht werden soll.

Vererbung

Die Inferenzprozeduren der Vererbung wurden bereits bei der Beschreibung der Frames (Kapitel 3) angesprochen. Falls nicht der in KEE oder in vergleichbaren framebasierten Systemen angebotene Vererbungsmechanismus verwendet wird, lässt sich die Vererbung als Unterklasse der allgemeinen Beziehung definieren. In MOMo wird zugunsten einer expliziten Wissensrepräsentation ein eigens definierter Beziehungstyp Vererbung benutzt.

5.4.2 Beschreibung abstrakter Wissensprimitiva

Zur Ausführung der oben beschriebenen Aufgaben werden weitere Modellkonstrukte benötigt, welche die Verknüpfung von Ereignissen bewerkstelligen (z.B. kausale und zeitliche Verknüpfungen) und die Bedingungen prüfen, unter denen ein weiterer Aufgabenschritt ausgeführt werden kann (Ressourcen-Allokation, Manifestation).

Kausalität

In einer Modellbeschreibung sind die prinzipiell möglichen Pfade kausaler Wechselbeziehungen meist bereits statisch festgelegt. Unterschiede bei der Modellierung betreffen jedoch die Einführung von (auch) gerichteten Verbindungen zwischen den Objekten. Sogenannte "Constraints" werden definiert, damit die Beziehung nur nach einer bestimmten Richtung aufgelöst werden kann. Constraints sind Beziehungen zwischen den Werten von Eigenschaften eines Objekts; sie gelten als statische Einschränkungen über mögliche Wertkombinationen. Die Constraints betreffen:
- die gerichtete Wirkung (Einfluss). Sie beschreibt den direkten Effekt des Einflussfaktors; die beeinflusste Grösse kann als abhängige Variable betrachtet werden.
- die Proportionalität. Sie reflektiert den Einfluss auf resp. zwischen abhängigen Grössen.

Kausalitätsbeziehungen lassen sich oft bequem mit Regeln formulieren. Der Konditionsteil einer Regel umfasst die Ursache eines Phänomens, in der Konklusion findet sich die Wirkung.

Beispiel: Wenn der Leistungsdruck steigt, dann leiden die Mitarbeiter an Stress.

Jedoch wird bei der regelbasierten Darstellung die Kausalität selbst nicht als Objekt betrachtet, d.h. die Beziehung wird implizit mitgeführt. In MOMo wird - wiederum zugunsten einer expliziten Wissensdarstellung - ein eigenständiger Beziehungstyp "Kausalität" definiert und als Unterklasse der Klasse Zeitrelation angehängt. Vier verschiedenen Typen von kausalen Beziehungen werden benötigt:
- die Gerichtete Wirkung.
  Das "Verursachen" bedeutet, dass eine Aktion einen Zustand bzw. eine bestimmte Wertkombination verursacht .
  Das "Aktivieren" bedeutet, dass ein Zustand eine Aktion aktiviert, eine Handlung provoziert oder ein Verhalten hervorruft.
- die Proportionalitäten.
  Das "Aktion-verursachen" bedeutet, dass eine Aktion eine weitere Aktion auslöst.
  Das "Zustand-aktivieren" bedeutet, das ein Zustand einen anderen Zustand hervorruft.

Die Kausalitätsbeziehung verfügt über eine Inferenzprozedur, welche aktiv wird, wenn im Modell Kausalitätsbeziehungen angesprochen werden, d.h. wenn ein Ereignis die als Kausalitätsursache deklarierte Grösse betrifft. Eventuell müssen zusätzliche, in der Kausalitätsbeziehung definierte, Bedingungen erfüllt sein. Ist als Wirkung in der Kausalitätsbeziehung eine Zustandsänderung definiert, führt die Inferenzprozedur diese Änderung aus. Beschreibt die Wirkung eine Aktion, wird diese von der Inferenzprozedur ausgelöst.

Figur 5.8 zeigt verschiedene Typen von Kausalitätsbeziehungen in framebasierter Darstellung. Da jedes Vorkommen einer kausalen Beziehung an eine dieser Frameklassen angehängt wird, besitzen sie jeweils die in der Klasse vordefinierten Merkmale des speziellen Kausalitätstypus.

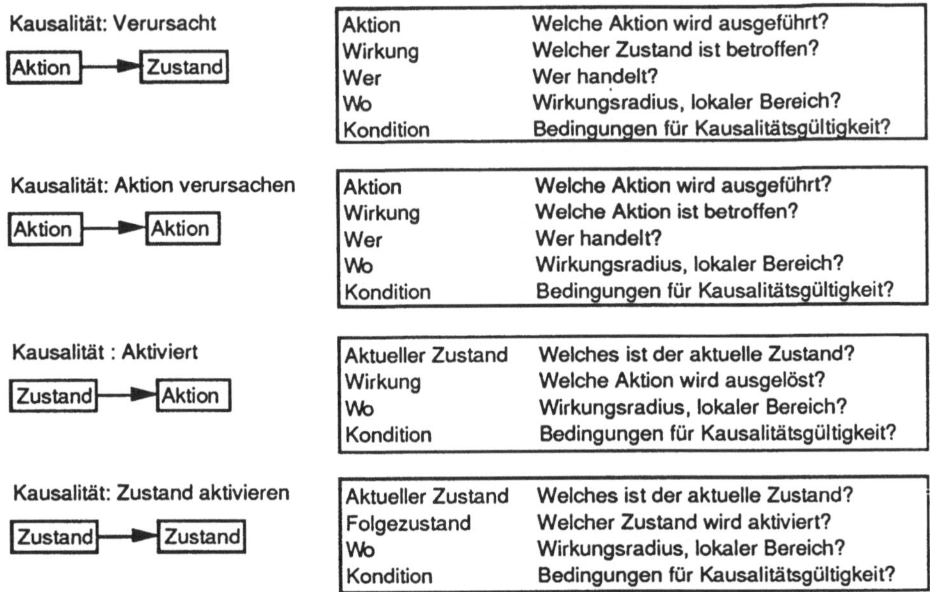

Figur 5.8: Kausalitätstypen in framebasierter Darstellung

Die Kausalität bringt zwei Zustände oder eine Aktionen und einen Zustand oder zwei Zustände miteinander in Beziehung; je nach Forschungsinteresse werden entweder die Einflussfaktoren oder die von den Einflussfaktoren betroffenen und dadurch veränderten Zustände betrachtet. Viele Beziehungen, die auf der Aufgabenebene beschrieben wurden - insbesondere zwischen den Ereignissen und dem Verhalten von Modellobjekten - stellen kausale Beziehungen dar.

Abweichung

Eng verknüpft mit der Kausalitätsbeziehung ist die Abweichung (Figur 5.9), die im Modell als eine Unterklasse der Ereignisse definiert wird. Die Darstellung der Abweichung als Objekt dient dazu, die Beziehung zwischen dem aktuellen Wert und dem Sollwert eines bestimmten Objektmerkmals explizit darzustellen. Entsteht eine Differenz zwischen diesen beiden Werten, aktiviert die Inferenzprozedur, die beim Merkmal Differenz der Abweichung angehängt ist, die Kausalitätsbeziehung Zustand-aktivieren, welche auf die Folgezustände verweist, die durch die Abweichung entstehen. Das Frame Abweichung umfasst den aktuellen Zustandswert, bei dem eine Abweichung auftreten kann (dieser stellt modellintern ein Faktum dar) sowie den Sollwert, der entweder gewisse Erwartungen von Personen in bezug auf die Eigenschaft eines Merkmals reflektiert (z.B. Lohnhöhe) oder das Resultat einer Planung ist (z.B. Produktionsrate).

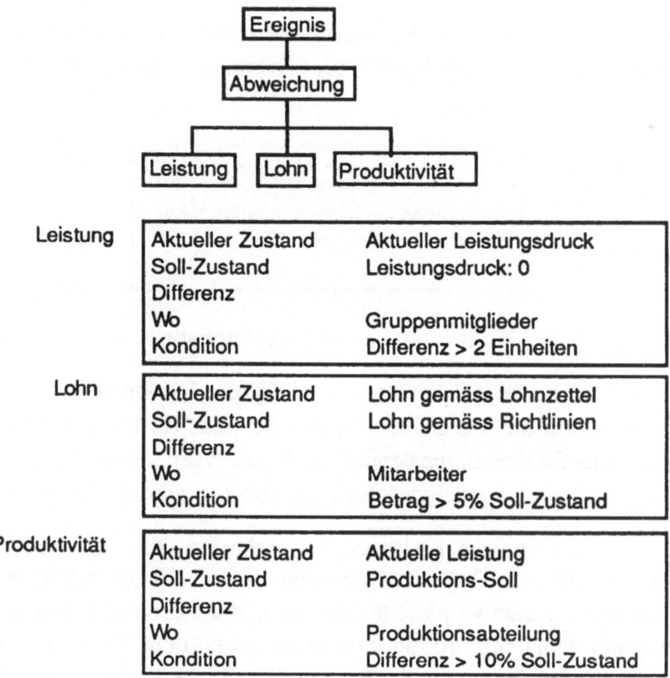

Figur 5.9: Abweichungen

Zeit

Kausale und zeitliche Beziehungen sind durch die folgende Gesetzmässigkeit miteinander verknüpft: Wenn B durch A verursacht wird, dann darf B nicht vor A beginnen. Die Ursache und Wirkung einer solchen Kausalitätsbeziehung enthält die Zeitrelation "vor". Die Zeitrelationen lassen sich - analog zu den Kausalitätsbeziehungen - explizit darstellen. Als Modellobjekt definiert, stellt die Zeitrelation eine Unterklasse der allgemeinen Beziehungsklasse dar und besitzt selber als Unterklassen die Kausalitätsbeziehungen. Die Elemente der Zeitrelation sind die in Kapitel 3 vorgestellten, spezifischen Zeitrelationen.

In MOMo ist der Begriff Ziel vollends zutreffend, denn hier sind es die individuellen und kollektiven Bestrebungen und Anliegen, die das Verhalten und die Handlungen der Agenten steuern.

Ressourcen-Allokation

Die Objektklasse "Ressourcen-Allokation" (vgl. Kapitel 3) hält fest, welche Ressourcen benötigt werden, um einen bestimmten Zustand zu erreichen oder eine bestimmte Aktion durchzuführen. Allerdings wird die Ressource selbst nicht weiter differenziert (z.B. teilbar, verbrauchbar, nicht verbrauchbar). Figur 5.10 präsentiert das Frame dieser Objektklasse.

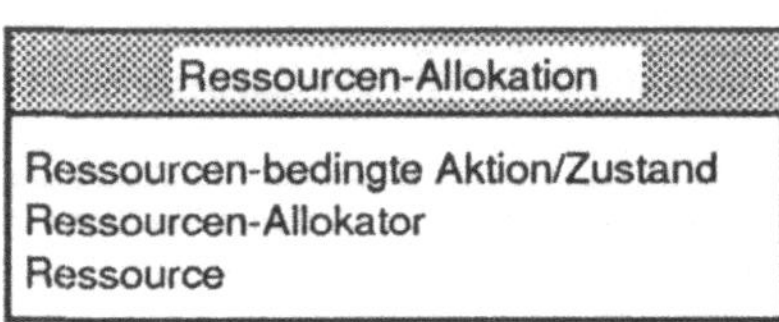

Figur 5.10: Ressourcen-Allokation

Die Objektklasse Ressourcen-Allokation besitzt folgende Merkmale:
- die Angabe, wofür die Ressource benutzt wird (eine Aktion oder ein Zustand)
- das Objekt, das die Ressource benötigt (z.B. ein Agent, eine Aktivität, ein Ort),
- das Objekt oder die Objekteigenschaft, die benötigt wird (die Ressource selbst).

Individuelle Vorkommen von Ressourcen-Allokation, d.h. Elemente der Klasse, repräsentieren individuelle Objektbeziehungen, einerseits zwischen der benötigten Ressource und dem Zustand (oder der Aktion), der durch das Vorhandensein der Ressource möglich gemacht wird, anderseits zwischen dem Zustand oder der Aktion und dem Objekt, das den Zustand herbeiführen oder die Aktion durchführen will.

Manifestationen

Manifestationen definieren den Zeitraum, während dem ein Zustand oder eine Aktion Gültigkeit hat. Manifestationen werden ebenfalls mit Hilfe von Frames repräsentiert. Einem Modellobjekt (z.B. Mitarbeiterklasse) - das selbst Unterklassen und/oder Elemente (z.B. individuelle Mitarbeiter) besitzen kann - werden neue Unterklassen angehängt, die sich von der Klasse durch die zusätzliche Angabe von Zeit (Zeitbeginn und Zeitende) unterscheiden.

Beispiel: Ein Mitarbeiter ist während einer bestimmten Zeit in der Ausbildung, d.h. von seinem Arbeitsplatz abwesend (Figur 5.11a).

Beispiel: Ein Mitarbeiter arbeitet Teilzeit und ist deshalb nur drei Tage pro Woche am Arbeitsplatz; diese Zeitangabe verhindert, dass der Mitarbeiter in der restlichen Zeit als produktive Kraft mitgezählt wird (Figur 5.11b).

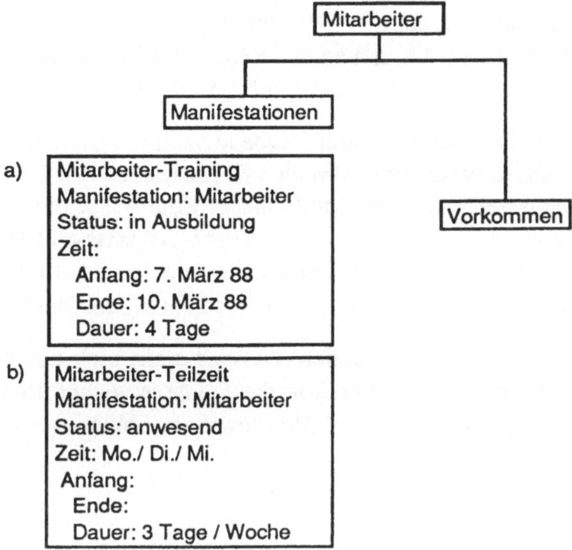

Figur 5.11: Manifestationen

5.5   Bereichsspezifisches Wissen

Ohne Bezug auf die Verarbeitung werden auf dieser Ebene die relevanten Modellobjekte und ihre Merkmale dargestellt. Das bereichsspezifische Wissen (domain knowledge) umfasst Wissen über einen Problembereich, beispielsweise Lungenphysiologie in CENTAUER [Aikins 86] , Geologie im Expertensystem PROSPEKTOR von Duda und Reboh (In: [Harmon & King 85]. In MOMo ist der relevante Problembereich die Organisation. Die Fakten über den jeweiligen Bereich können aus Lehr- und Handbüchern stammen oder - wie in MOMo - zusätzlich aus Fallstudien und Berichten (Geschäftsberichte, Management Policies) gezogen werden.

Die konzeptionellen Grundeinheiten zur Beschreibung des Problembereiches, nämlich Objekt, Aktion und Zustand, werden im Modell alle einheitlich in Frame-Form dargestellt. Es gibt zwei Objekttypen: die Klasse und das Vorkommen (vgl. [Fox 85]). Die einheitliche Darstellungsweise begünstigt eine einheitliche Verarbeitung; sie erlaubt identische Zugriffsmechanismen und macht spätere Strukturänderungen einfach (z.B. die Zuordnung eines Objekts zu einem anderen Strukturtyp).

Beispiel: Die Klasse Mitarbeiter ist eine Unterklasse der Organisationsmitglieder; die einzelnen Mitarbeiter sind die Vorkommen der Klasse. Will man bestimmte

Mitarbeiter zu einer Gruppe (Arbeitsgruppe) zusammenfassen, wird eine Klasse mit der Bezeichnung Gruppe kreiert und eine Beziehung zwischen Mitarbeitern und Gruppen definiert, d.h. neben der Beziehung Klasse und Vorkommen wird zusätzlich die Beziehung "Gruppenzugehörigkeit" definiert.

Die Organisation der Objekte in einem Verband wird ausgenutzt, um differenzierte Zustände oder Verhaltensweisen von einzelnen Objektklassen und Objektvorkommen zu beschreiben. Beispielsweise kann ein individueller Mitarbeiter (ein Vorkommen) über spezielle Verhaltensweisen verfügen, die nicht in der Objektklasse Mitarbeiter spezifiziert wurden und somit nur diesem einen Individuum eigen sind. In Kapitel 6 wird die Verbandsstruktur des Mitarbeiter-Organisations-Modells MOMo dargestellt.

Auf der Ebene des bereichsspezifischen Wissens stellt sich übrigens weniger das Problem der Darstellung - die Datenstruktur des Frame ist recht differenziert -, sondern kritisch ist die Erhebung von relevanten Daten sowie die Abklärung ihrer Korrektheit.

6 Implementation

Das Mitarbeiter-Organisations-Modell MOMo wird mit KEE, einer Software-Entwicklungsumgebung für wissensbasierte Systeme, und mit SimKit, einem Software-Werkzeug für ereignis-orientierte Simulation, realisiert. Mit Hilfe der von KEE und SimKit unterstützten, wissensbasierten Techniken lässt sich das in Kapitel 5 entwickelte Repräsentationssystem implementieren.

In einem ersten Implementationsschritt werden die relevanten Objekte der Organisationswelt - so wie sie in der Fallstudie geschildert werden - erfasst. Sowohl die ökonomisch-technischen Elemente des Organisationsmodells, die Agenten und die Prototypischen Organisationsbilder des Mitarbeitermodells als auch sämtliche abstrakten Konzepte werden als Objekte aufgefasst und im Modell als Frames dargestellt. In einem zweiten Implementationsschritt werden die dynamischen Abläufe beschrieben, wobei die explizite Beschreibung von zeitlichen, kausalen und anderen Beziehungen zwischen den Modellobjekten die Transparenz im Modell erhöht. Basierend auf der statischen Modellierung des Mitarbeiter-Organisations-Modells werden dann im Kapitel 7 die Simulationsläufe durchgeführt.

In den vorangehenden Kapiteln wurden jeweils zwei Versionen des Mitarbeiter-Organisations-Modells diskutiert, wobei in der ersten Version ein "eigenständiger" Manager-Agent den realen Manager resp. den Untersuchungspartner vertritt, in der zweiten Version hingegen im Model ein passiver "Platzhalter" steht, das Objekt UP-Figur, dessen Handlungen vom modellexternen Manager gesteuert werden. Im folgenden wird nun diese zweite Modellversion implementiert; der Manager resp. der Untersuchungspartner ist "Man-in-the-Loop" und interagiert über die Schnittstellle der UP-Figur mit dem Modell.

6.1 Grundlage Fallstudie

Jede Art von Wissensrepräsentation ist das Resultat einer selektiven Abbildung von Aspekten der realen Welt [Bobrow & Collins 75]. Anstatt Vorgänge in Organisationen in natura zu beobachten und daraus Daten für das Mitarbeiter-Organisations-Modell zu extrahieren, wird hier eine Fallstudie aus dem Bereich der Organisationspsychologie verwendet. Die Wahl fiel auf die Fallstudie Standard Auto AG [Kuhn & Spinas 80]. Diese Studie erlaubt einerseits, einen umfangmässig überblickbaren Untersuchungsrahmen abzustecken, anderseits ist sie aufgrund ihrer inhaltlichen Thematik geeignet, die Auswirkung von Subjektiven Organisationstheorien von Managern - zumindest ansatzweise - zu untersuchen.

6.1.1 Selektionsprozess

Die Fallstudie liefert eine reduzierte Sicht auf die dahinterliegende Realität. Die Information, die weitergegeben wird, ist bereits durch einen ersten Interpretationsprozess (durch die Autoren der Fallstudie) kanalisiert worden. Eine weitere Abstraktion geschieht während des Abbildungsprozesses von der Fallstudie auf das lauffähige (Computer-)Modell, d.h. von der verbalen zur formalen Beschreibung.

Die Fallstudie beleuchtet die ökonomisch-technischen Aspekte in der betrieblichen Organisation nur am Rande und auch im Organisationsmodell mit den Komponenten Unternehmung und Betrieb sind relativ wenig konkrete Daten gespeichert, obwohl aus konzeptioneller Perspektive das Potential für einen Ausbau bereitsteht. Es ist unbestritten, dass ökonomisch-technische und psycho-soziale Faktoren eng miteinander verknüpft sind und Änderungen im einen Bereich sich jeweils im anderen niederschlagen. Das ist auch der Grund, weshalb im Modellierungskonzept sowohl der Agent als auch seine Umgebung und natürlich die Interaktionen zwischen Agent und Umgebung berücksichtigt werden. Praktisch werden jedoch bei jeder Anwendung einer oder zwei dieser Aspekte favorisiert. Beim Mitarbeiter-Organisations-Modell MOMo liegt das Schwergewicht auf der psycho-sozialen Seite (also auf den Agenten und ihren Handlungen) und auf den Interaktionen. Im Gegensatz dazu berücksichtigen weitaus die meisten Modelle im Bereich Organisation (z.B. Management Games) ausschliesslich ökonomisch-technische, monetäre Faktoren.

6.1.2 Verwendung der Fallstudie

Die verbale Beschreibung der Organisationswelt wie sie in der Fallstudie vorliegt, wird im folgenden formalsprachlich umgesetzt. Obwohl die Zahl der relevanten Objekte in der Fallstudie klein ist - diese Limitierung ist für die Realisierbarkeit entscheidend - laufen verschiedene, komplexe Prozesse ab. Diese werden in kürzere Sequenzen aufgespalten, damit sie mit den in Kapitel 5 vorgestellten semantischen Primitiva beschrieben und erfasst werden können.

Die Fallstudie wird auf zwei Aspekte hin gelesen und ausgewertet, nämlich in bezug auf Raum (Struktur) und Zeit:
  • Zu einem Objekt gibt es eine strukturelle, zeitunabhängige Beschreibung. Mit dieser Information lassen sich Fragen der folgenden Art beantworten: Welche

Objekte sind vorhanden? Aus welchen Teilen setzt sich eine Komponente zusammen? Welche Eigenschaften besitzen die einzelnen Objekte?
- Zweitens gibt es eine zeitabhängige Zustandsbeschreibung von Objekten. Sie dient der Beantwortung von Fragen über dynamische Abläufe, verschiedene Aktivitäten und Bedingungen für deren Ausführung oder deren Abbruch. Für Aktionen (damit sind sämtliche Zustands-Transformationen gemeint) lassen sich dann entsprechende Modelloperationen auswählen oder mit den zur Verfügung stehenden Werkzeugen konstruieren.

6.2   Formalisierung der Fallstudie

Die Fallstudie liefert Information über die Objekte der Organisationswelt. Die Information über die Organisationsmitglieder dient zur Beschreibung der Agenten im Mitarbeitermodell. Angaben über ihre Verhaltensweisen und ihre Interaktionen in der Organisation fliessen in die Prototypischen Organisationsbilder ein. Angaben über die ökonomisch-technischen Grössen werden im Organisationsmodell dargestellt (z.B. Arbeitsplätze, Tätigkeiten, Produkt und Produktion, Finanzierung, etc.). Sämtliche Objekte im Mitarbeitermodell und im Organisationsmodell werden klassifiziert und in einen Verband gestellt. Die Ordnung der Objekte entspricht nicht ihrer realen Stellung in der Organisation (vgl. das Organigramm der Organisationsmitglieder), sondern die Beziehungen zwischen den Objekten in Figur 6.1 stehen für Generalisierung resp. Spezialisierung.

6.2.1 Darstellung der Fallstudien-Objekte

Eine zentrale Stellung in der Fallstudie nehmen die Mitarbeiter ein; sie gehören zu den Agenten im Modell. Jeder Agent ist - allerdings oft über verschiedene Ebenen hinweg - der Objektklasse Agent angehängt. Diese - allgemeinste - Objektklasse umfasst alle handlungsfähigen Modellobjekte, nämlich die Organisationsmitglieder, die Instanzen und die Kollektiva. Nicht handlungsfähig sind die Objekte des Organisationsmodells, d.h. die "physischen" Gegenstände (z.B. Material, Arbeitsplatz). und die abstrakten Objekte (z.B. Arbeitsstruktur, Finanzen, Richtlinien).

Klassen und Unterklassen

Die erste spezifische Unterklasse der Klasse der Agenten sind die Organisationsmitglieder (neben Instanzen und Kollektiva). Die Klasse der Organisationsmitglieder hat wiederum zwei Unterklassen, nämlich Mitarbeiter und UP-Figur. Die Klasse Mitarbeiter besitzt selbst noch eine weitere Unterklasse, die Gruppenmitglieder. Somit ist jedes Gruppenmitglied ein Mitarbeiter, die umgekehrte Aussage ist jedoch nicht zutreffend. Die Vorkommen einer Klasse, die individuellen

Mitarbeiter und Gruppenmitglieder, sind als Elemente der entsprechenden Klasse angehängt (in KEE sind das sogenannte Member Units). Die Elemente einer Klasse erben automatisch die Eigenschaften ihrer Klasse und ebenso die Eigenschaften aller Oberklassen (soweit nicht anders spezifiziert). Ein individuelles Gruppenmitglied erbt beispielsweise die Eigenschaften der Klasse Gruppenmitglieder und zudem diejenigen der Klassen Mitarbeiter, Organisationsmitglieder und Agenten (transitive Beziehung).

Die Mitarbeiter wie auch die UP-Figur, deren Aktivitäten der modellexterne Manager steuert, stehen auf derselben Hierarchiestufe. Da in der Fallstudie die betriebsübliche Führungsstruktur mit der Umgestaltung des Arbeitsbetriebes durchbrochen wird und Führungskräfte im Sinne von Beratern eingesetzt werden, übernimmt die UP-Figur hier die Position des Beraters (jede andere Führungsstruktur liesse sich ebenso leicht implementieren).

Werkleitung und Unternehmung werden ebenfalls als Agenten definiert und an die Agenten-Unterklasse Instanzen angehängt. Dritte Unterklasse der allgemeinsten Klasse Agenten sind die Kollektiva, das sind Gruppierungen von Organisationsmitgliedern (z.B. Gruppen, Abteilungen), die im Modell ebenfalls als handlungsfähige Einheiten angesprochen werden.

Zur Darstellung von abstrakten Objekten wird ein zweiter (Teil-)Verband gebildet. Er ist mit dem bereits definierten verbunden, denn alle vom Modellkonstrukteur entworfenen Objektklassen sind definitionsgemäss Unterklassen einer systemeigenen Modellobjekt-klasse; sie besitzen daher alle eine gemeinsame Wurzel. Zu den abstrakten Objekten gehören die verschiedenen Konzepte, die in der Fallstudie beschrieben werden, die Teilautonomie, die Beraterfunktion, der Produktionsablauf innerhalb der neuen Arbeits-struktur und die geplanten Ausbildungs- und Weiterbildungsmöglichkeiten. Für diese Konzepte wird im folgenden der Begriff Richtlinien verwendet, um begriffliche Überschneidungen (z.B. Modellkonzepte) zu vermeiden. Zu den Richtlinien zählen die von der Organisation festgelegten Zielsetzungen und Massnahmen für die Realisierung der neuen Arbeitsstruktur. Motive werden analog zu den Richtlinien als abstrakte Modellobjekte aufgefasst; beide gehören zur Klasse Leitplanken. Verschiedene andere organisationsbezogene Grössen wie Arbeitsplätze und Tätigkeiten werden im Modell der Objektklasse Arbeitsstruktur zugeordnet.

Figur 6.1 zeigt die Darstellung der Modellgrössen zu dem Zeitpunkt, in dem die Richtlinien für die Neuorganisation der Produktionsabteilung aufgestellt, jedoch noch nicht zum Tragen gekommen sind (Initialzustand des Modells). Bereits in die Figur aufgenommen ist das Gremium des Projektausschusses, eine Objektklasse, die sich aus Werkleitung, Unternehmung und Mitarbeitern zusammensetzt; mitberücksichtigt wurde auch der Zusammenschluss von Mitarbeitern zu Montagegruppen, deshalb wurden Montagegruppen als Unterklasse von Gruppen definiert.

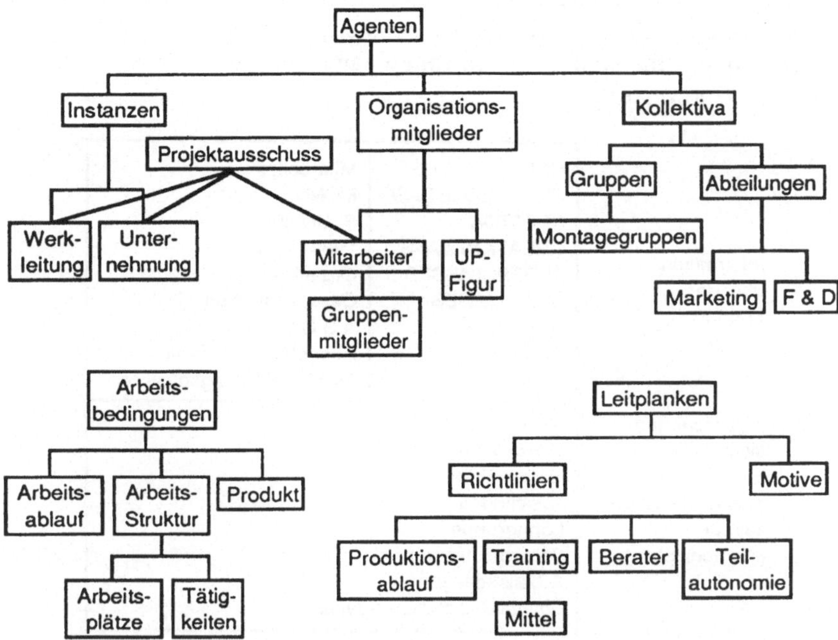

Figur 6.1: Modelltechnische Repräsentation der Organisation

Die Frage, ob ein Objekt als individuelles Objekt oder als Objektklasse darzustellen ist, kann während der Modellierungsphase nicht immer eindeutig beantwortet werden. Das Problem stellt sich beispielsweise bei den Richtlinien; sie können sowohl als individuelle Objekte als auch als Objektklassen definiert werden. Abgesehen von der semantischen Bedeutung gibt es einen implementatorischen Unterschied: Individuelle Objekte können keine Eigenschaften vererben, auch wenn ihnen Elemente oder sogar Objektklassen angehängt werden. Stellt sich während der Modellierung heraus, dass ein Objekt weiter spezifiziert wird, ist eventuell eine Umdefinierung notwendig, was aber in der Entwicklungsumgebung von KEE keinen grossen Aufwand bedeutet.

Eigenschaften von Objekten
In der Graphik nicht vorhanden sind Eigenschaften von Objekten und Objektklassen sowie Eigenschaftswerte. Aus der Fallstudie lassen sich im Rahmen des betrachteten Organisationsausschnittes exemplarisch für die Mitarbeiter folgende Merkmale herauslesen: Alter, Geschlecht, Nationalität, Ausbildung, Lohngruppe, Arbeitsschichtzuteilung, Arbeitskollegen, Freunde und Bereitschaft zur Gruppenarbeit. Diese Liste wurde bei der Implementation erweitert; sie kann bei Bedarf jederzeit weiter ergänzt werden.

Figur 6.2 zeigt die Objektklasse Mitarbeiter in framebasierter Darstellung. Die Werte, die ein Objektmerkmal annimmt, sind diskrete Grössen (z.B. Schichtzugehörigkeit: erste oder zweite; fünf verschiedene Altersklassen, Einstellung zur Gruppenarbeit: positiv negativ, neutral, etc.). Diese Merkmale werden beispielsweise bei der Bewertung von Ereignissen oder in späteren Aktionen angesprochen (z.B. Ablauf des Gruppenbildungsprozesses).

Information über das Frame	UNIT KNOWLEDGE BASE CREATOR CREATION DATE SUPERCLASSES SUBCLASSES MEMBERS COMMENT	Mitarbeiter MOMo S. Unseld 1989-08-15 Organisationsmitglieder Gruppenmitglied A B C D Angestellter in Firma (nicht in Führungsposition
Eigenschaften, die auf alle Elemente der Klasse Mitarbeiter zutreffen (Member Slots)	Alter Geschlecht Nationalität Ausbildung Lohngruppe Schichtzuteilung Arbeitskollegen Einstellung zur Gruppenarbeit	
Eigenschaften, die auf die Klasse selbst zutreffen (Own Slots)	Anzahl Prozentsatz Frauen Altersdurchschnitt	

Figur 6.2: Objektklasse Mitarbeiter

6.2.2 Darstellung von Leitplanken

Die im Rahmen der Neuorganisation geltenden Richtlinien (sie betreffen den Produktionsablauf, das Training, die Stellung und die Aufgaben des Beraters sowie die Regelung bezüglich der Teilautonomie der Gruppen) enthalten abstrakte Merkmale (z.B. Sicherstellung, Mitspracherecht), die mit anderen Modellobjekten (z.B. Mitarbeitern, Arbeitsplätzen, Tätigkeiten) in Beziehung stehen. Im folgenden werden die einzelnen Richtlinien und ihre Beziehungsstruktur näher beschrieben. Zu den Leitplanken im Modell zählen neben den Richtlinien auch die Motive von Agenten.

Produktionsablauf

Relevant für die Modellierung des Produktionsablaufes sind die Informationen aus der Fallstudie über die Personen, die Tätigkeiten, die Arbeitsplätze und das Produkt. Sie werden als Objekte repräsentiert und sind Teile der Verbandsstruktur (vgl. Figur 6.1). Mit Ausnahme des Produktes (Produktionsergebnis) stellen diese Objekte Ressourcen oder notwendige Bedingungen im Produktionsprozess dar: Arbeitsplätze müssen in geforderter Zahl verfügbar sein. Ebenso müssen die Mitarbeiter die nötigen

Qualifikationen besitzen, als Voraussetzung für die Ausübung der Tätigkeiten. Sind diese Ressourcen nicht (oder zum gewünschten Zeitpunkt noch nicht) verfügbar, verzögert sich der Arbeitsablauf.

Bei der Produktion fallen die folgenden Tätigkeiten an: Montage von Motoren inklusive Materialbereitstellung, verschiedene dispositive Tätigkeiten, Funktionenkontrolle und allfällige Nacharbeiten (zugunsten der Realisierung wurde auf eine weitere Unterteilung dieser Tätigkeiten verzichtet). Jede Tätigkeit (Vorkommen) ist mit einem Frame dargestellt und besitzt verschiedene Merkmale (z.B. Dauer der Ausführung, Materialmenge, Arbeitsplatz an dem die Tätigkeit ausgeführt wird). Auch die Maschinen werden mit Eigenschaften versehen, beispielsweise wird bei den Motorenständen, einer Unterklasse der Arbeitsplätze, die Funktionstüchtigkeit vermerkt (in Funktion, defekt) sowie ihre Verfügbarkeit (besetzt, frei).

Training

Da bei Gruppenmontage sämtliche Tätigkeiten von allen Gruppenmitgliedern ausgeführt werden, müssen die Gruppenmitglieder entsprechend ausgebildet werden. Das Trainingsobjekt im Modell enthält folgende Angaben:
* Kreis der Auszubildenden,
* Art der Ausbildung (fachlich, Kooperations- und Kommunikationsfähigkeit),
* Ausbildungszeit pro Mitarbeiter,
* Qualifikation (Ausbildungsziel),
* Kosten (Mittelbeschaffung und Arbeitsausfall).

Im Unterschied zu Produktionsablauf und Training enthalten die Richtlinien für Berater und Teilautonomie fast keine quantitative Information, dafür beschreiben sie die Bedingungen, die in bestimmten Situationen gelten sollen. Diese Bedingungen werden geprüft und bestimmen den weiteren Organisationsverlauf, wenn später - während der Simulation - Ereignisse auftreten, die eine Entscheidung verlangen.

Somit zeichnet sich bei der Darstellung von Berater- und Teilautonomie-Richtlinien eine besondere Problematik ab: Es sind nicht Fakten, die es darzustellen gilt, sondern vielmehr Verantwortungsbereiche, Handlungsanleitungen, Rechte und Pflichten. Solche Richtlinien werden nur dann relevant, d.h. für den Modellverlauf wichtig, wenn ihr Inhalt von der aktuellen Situation betroffen wird; in der übrigen Zeit sind sie gewissermassen inaktiv. Dämonenprozeduren in den Frames der Richtlinien vergleichen während dem Modellverlauf die Merkmale der Richtlinien mit der aktuellen Situation.

Richtlinien für die Funktion der UP-Figur (als Berater)

Diese Richtlinien umfassen die Aufgaben, die im Verantwortungsbereich oder innerhalb des Aktionsradius des firmeninternen Beraters liegen; sie werden - ebenso wie die anderen Richtlinien - während der Simulation von Dämonenprozeduren überwacht. Tritt im Laufe der Simulation ein Ereignis ein, das den Verantwortungsbereich des Beraters betrifft, wird der UP-Figur, die hier die Position des Beraters einnimmt, von der

Dämonenprozedur eine Meldung zugeschickt. Die UP-Figur ist die Verbindung zwischen dem Modell und dem Manager resp. dem Untersuchungspartner; sie empfängt die Meldungen der übrigen Modellobjekte. Diese Meldungen enthalten Information über Zustände innerhalb der Organisation oder über die Aktionen von Agenten (z.B. Anfragen, Vorschläge und Forderungen von Mitarbeitern). Alle an die UP-Figur gesandten Meldungen werden auf dem Bildschirm ausgegeben (Figur 6.3), damit der Manager entscheiden kann, welche Eingriffe er vornehmen will (z.B. Meldung weiterleiten, Informationen einholen, Anweisungen geben).

Beispiel: Verzögert sich die Lieferung des Materials, dann kann der Agent am Motorenstand seine Tätigkeit nicht mehr ausführen. Die UP-Figur wird informiert, denn sie ist für die Sicherung der Materialbereitstellung verantwortlich.

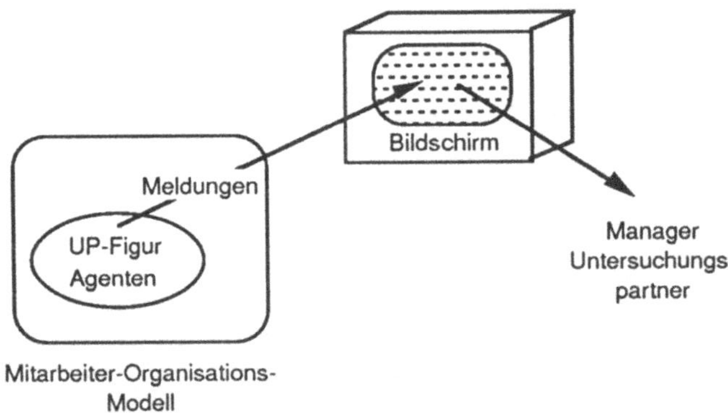

Figur 6.3: Kommunikation zwischen Modell und Manager resp. Untersuchungspartner

Damit die UP-Figur die Meldungen, die ihr zugeschickt werden, empfangen kann, muss ihr Frame mit den nötigen "Message responder" Slots ausgerüstet sein. Figur 6.4 zeigt einen entsprechenden Ausschnitt vom Frame der UP-Figur.

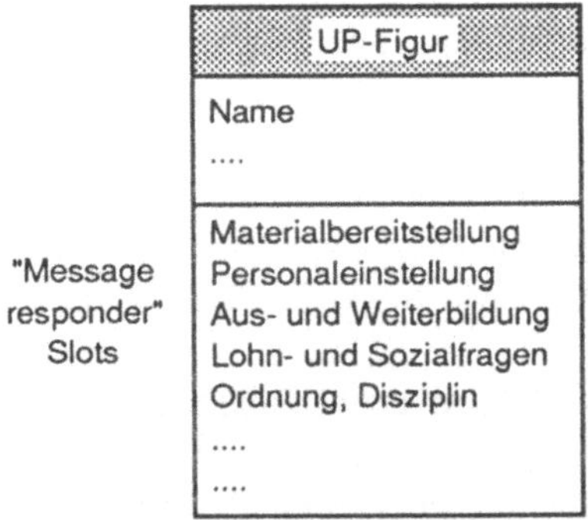

Figur 6.4: "Message responder" Slots im Frame der UP-Figur

Teilautonomie-Richtlinien

In den Teilautonomie-Richtlinien werden Rechte und Pflichten der Gruppenmitglieder sowie Regelungen bezüglich gewisser Organisationsbedingungen (z.B. Entlohnung, räumliche und technische Ausstattung) festgehalten. Der Konzeptinhalt ist mit den Betroffenen selbst - in diesem Fall mit den Agenten der Montagegruppen - verknüpft, d.h. wenn der Entscheidungsbereich einer Gruppe angesprochen ist, werden die Agenten, welche dieser Gruppe angehören, via Meldungen darüber informiert. Die Meldungen gelangen zuerst an das Klassenframe der Gruppenmitglieder. Die Prozedur im entsprechenden "Message responder" Slot bestimmt, an welche Agenten die Meldung weitergeleitet wird. Oft sind nicht alle Gruppenmitglieder von einer Meldung betroffen, sondern beispielsweise nur diejenigen einer bestimmten Montagegruppe. Diese zweite Meldung wird von den "Message responder" Slots der ausgewählten Agenten empfangen. Die Prozeduren in den Slots enthalten praktisch immer auch den Aufruf von Prototypischen Organisationsbildern. Die Verhaltensweisen von Agenten werden von ihren POB, welche die Modellzustände oder Teile davon aus der Sicht der Bildeigentümer darstellen, festgelegt. Eine Ausnahme sind die Aktivitäten, die von Motiven geleitet werden.

Beispiel: Der Manager beschliesst, ein neues Gruppenmitglied einzustellen. Dieses Ereignis bewirkt, dass via UP-Figur eine Meldung an den betroffenen Agenten (in diesem Fall ein kollektiver Agent, eine Gruppe) geschickt wird, denn die Gruppe besitzt das Mitspracherecht bei der Einstellung neuer Mitglieder. Im Gruppen-POB finden sich die Kriterien beschrieben, nach denen der Kandidat von der Gruppe beurteilt wird.

Motive

Wesentlich für die Modellierung von Handlungsmustern sind die Motive von Agenten. Sie sind während der gesamten Zeitspanne der Simulation aktiv, beeinflussen die Entscheidung bei Handlungsalternativen und erlauben retrospektiv die Erklärung von Verhaltensmustern. Die Fallstudie verweist auf die unterschiedlichen Motive, die bei Personen, Instanzen und Gruppen vorhanden sind. Figur 6.5 stellt die Motivbäume verschiedener Agenten dar (Mitarbeiter, Unternehmung, Montagegruppe). Die Motive sind aufgrund ihrer relativen Wichtigkeit angeordnet.

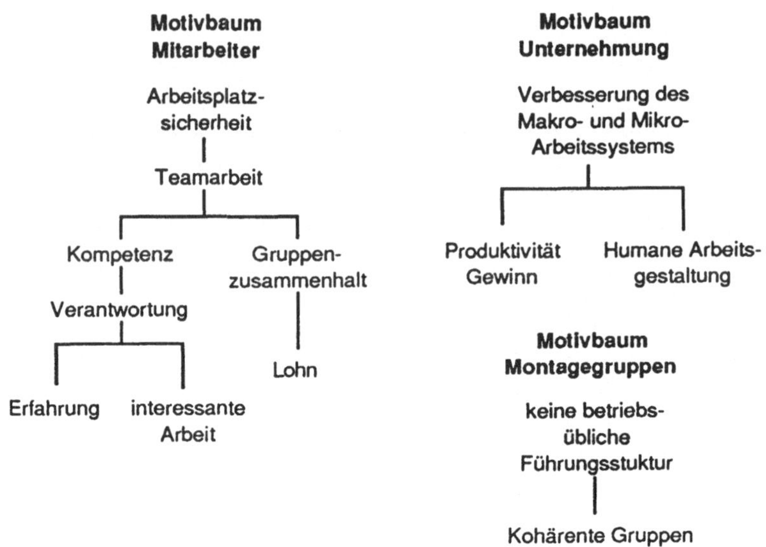

Figur 6.5: Motivbäume

6.3 Gruppenbildungsprozess

Bei der Simulation der Gruppenbildung wird der Faktor Zeit vernachlässigt, d.h. der gesamte Prozess wird als eine von mehreren Faktoren beeinflusste Zustandsänderung betrachtet, obwohl der Prozess in Realität sich über einige Tage erstreckt haben mag. Die Gruppenbildung ist aus verschiedenen Gründen interessant. Erstens lässt sich dieser Vorgang in mindestens zwei grundlegend verschiedenen Varianten durchspielen:

- als autonomer, von den Mitarbeiter-Agenten gesteuerter Zusammenschluss, basierend auf deren beruflichen und freundschaftlichen Beziehungen.
- als Prozess, der sich an Kriterien orientiert, die vom Manager oder vom Unternehmungs-Agenten aufgestellt worden sind. Diesen Kriterien kann zudem unterschiedliche Priorität eingeräumt werden, was wiederum zu Veräderungen in der Gruppenbildung führt.

Zweitens beeinflusst die Art der Gruppenbildung das spätere Modellverhalten. Die Merkmale der Gruppen-Agenten (z.B. ihr Ausbildungsniveau) widerspiegeln die Eigenschaftsmuster ihrer Mitglieder; ebenso sind die Aktionen, welche innerhalb der Gruppen (erhöhter Arbeitseinsatz) oder zwischen den Gruppen (Konkurrenzverhalten) stattfinden, von den Beziehungen (beruflicher oder "persönlicher" Art) der Mitarbeiter-Agenten untereinander geprägt.

Drittens erlaubt der Guppenbildungsprozess, den modellexternen Manager bereits zu Beginn der Simulation in das Organisationsgeschehen einzubeziehen, indem er über das "Wie" der Gruppenbildung entscheidet. Damit stellt er einige Weichen für den späteren Modellverlauf.

6.3.1 Autonome Gruppenbildung

Die autonome Gruppenbildung beruht hauptsächlich auf den Beziehungen der Mitarbeiter-Agenten untereinander; vereinfachend wurden drei Beziehungstypen gewählt, nämlich Arbeitskollege, Freund und "nicht-kennen". Weitere Faktoren sind die Einstellung zum Schichtwechsel sowie die Toleranz- und Anpassungsbereitschaft. Restriktionen, die beim Gruppenbildungsprozess berücksichtigt werden müssen, betreffen die Gruppengrösse, den Status der Gruppenmitglieder und die Schichtbelegung. Die Grösse der Gruppe ist auf 10 Mitglieder beschränkt, wobei davon 7 als Vollmitglieder und 3 als Ersatzleute gelten; es wird in zwei Schichten gearbeitet.

Während des Gruppenzusammenschlusses - durch Regeln und Prozeduren wird die Zugehörigkeit der Mitarbeiter-Agenten zu den einzelnen Gruppen ermittelt - werden dynamisch die Eigenschaftswerte der Gruppe bestimmt (z.B. Kohäsion, Gruppenklima, Interessen, Kommunikation). Gruppen in denen die Relation Arbeitskollege vorherrscht, zeigen hohe Kohäsion (Gruppe A und teilweise B). Das Gruppenklima ist gut bei Gruppen, in denen die Beziehung Freund häufig vorkommt (B und D); dominiert die Beziehung "nicht-kennen", so ist das Zusammengehörigkeitsgefühl gering (insbesondere Gruppe C). Die autonom entstandenen Gruppen weisen zudem verschiedene Qualifikationsprofile auf. Die Arbeitsleistung der Gruppen ist somit unterschiedlich, ebenso variieren die Ausbildungsanforderungen. Die folgende Liste illustriert die Unterschiede in den verschiedenen Gruppen:

Mitarbeiter verfügen über gemeinsame Arbeitserfahrung:

Vertrauen	gut
Kohäsion	sehr gut
Kooperation	gut
Kommunikation	sehr gut
Verständigungsebenen	klar

Mitarbeiter sind untereinander befreundet:

Kohäsion	gut
Kooperation	gut
Kommunikation	gut
Funktionsfähigkeit	gross
Eigenes Gruppen-"Image"	gut

Mitarbeiter kennen sich kaum oder gar nicht:
Vertrauen   gering
Kohäsion   sehr gering
Kooperation   schlecht
Kommunikation   gering
Eigenes Gruppen-"Image"   schlecht

Die Merkmale resp. Merkmalswerte einer Gruppe bestimmen ihrerseits die Prototypischen Organisationsbilder des betreffenden Gruppen-Agenten. Treffen Ereignisse ein, stehen Probleme zur Bewältigung an (z.B. Entlohnung, Rückstand in der Produktivität) oder werden die Interessen der Gruppen durch Eingriffe des Managers verletzt (z.B. Ausgliederung von Gruppenmitgliedern), dann beeinflussen die Eigenschaftsmuster der Gruppe deren Verhalten. Mitarbeiter-Agenten, die in eine Gruppe eingetreten sind, erhalten durch ihre neue Rolle als Gruppenmitglieder bestimmte zusätzliche Eigenschaftswerte, abhängig vom Eigenschaftsmuster der Gruppe (z.B. Zusammengehörigkeitsgefühl). Diese Muster bestimmen die POB dieser Agenten und bewirken, dass bestimmte Situationen von den Mitgliedern einer Gruppe anders beurteilt werden als von Mitgliedern einer anderen Gruppe.

Als Alternative wird ein Gruppenbildungsprozess durchgespielt, bei dem homogene Arbeitsgruppen gebildet werden.

6.3.2 Kontrollierte Gruppenbildung

Die zweite Variante der Gruppenbildung basiert auf einer bezüglich Alter, Geschlecht, Ausbildungsniveau und Nationalität homogenen Gruppenzusammensetzung. Da nicht ein optimaler Durchschnitt aller vier Eigenschaften in den Gruppen erreicht werden kann, besteht im Modell die Möglichkeit, Prioritäten zu setzen (z.B. Gruppenzuammensetzung optimal homogen in bezug auf Ausbildung und Alter). Die Prioritäten werden beim Aufruf der Gruppenbildung angegeben. Analog zu einer manuellen Vorgehensweise, findet die Einteilung von Agenten in Gruppen "am grünen Tisch" statt und besitzt heuristischen Charakter. Der Algorithmus, der zur Gruppenbildung benutzt wird, ordnet die Agenten gemäss den prioritären Kriterien und teilt sie dann sukzessive den einzelnen Gruppen zu.

Ist die Gruppenbildung vollzogen, lassen sich Quervergleiche zwischen den Gruppen anstellen. Die kontrollierte Gruppenbildung führt gemäss den vorgegebenen Kriterien zu Homogenität, bezüglich anderer Kriterien jedoch zu grosser Heterogenität: Die Agenten waren bisher an verschiedenen Orten im Arbeitsprozess eingesetzt, sind lohnmässig ungleich eingestuft und verfügen über unterschiedliche Ausbildung; zudem sind die Altersklassen gemischt. Für die Eigenschaftsmerkmale der Gruppe zeigt sich ein anderes Bild als bei autonomen Gruppen. Die Auswirkungen der unterschiedlichen Gruppen-zusammenschlüsse auf den Organisationsverlauf werden in Kapitel 7 aufgezeigt.

6.4   Beschreibung von dynamischen Prozessen

Im folgenden werden exemplarisch einige dynamische Prozesse beschrieben, die während der Arbeit unter den neuen Arbeitsbedingungen stattfinden. Die als dynamische Prozesse aufgefassten Abläufe in der Fallstudie, die sich zeitlich von der Problementstehung bis zur Problemlösung oder -beseitigung ziehen, werden analysiert und in einzelne Prozess-Sequenzen (z.B. Veränderung von Merkmalen aufgrund ihrer kausalen Verknüpfung, Entstehung von Zielen, Auslösen von Ereignissen und Reaktion) unterteilt. Dadurch lassen sich bestimmte wiederkehrende Kombinationen erkennen und mit den vorhandenen Konstrukten entsprechend umsetzen.

Von besonderer Bedeutung für den Modellverlauf sind die Prototypischen Organisationsbilder, denn sie enthalten agenten-spezifische Interpretationen von Ereignissen und Zuständen und lassen hypothetische Situationen für die POB-Eigentümer zu objektiven Situationen werden.

Die Fallstudie nennt drei wesentliche Faktoren aufgrund derer nach Inkrafttreten der neuen Arbeitsstruktur Probleme auftauchen. Diese werden im Mitarbeiter-Organisations-Modell nachgebildet:

- Reduktion der Gruppengrösse,
- Leistungsrückstand auf den Zeitplan (Endleistung vorgegeben),
- Unklarheit bezüglich Lohngruppeneinstufung.

6.4.1 Arbeit bei Gruppenmontage

Durch die Einführung der Arbeitsstruktur "Gruppenmontage" ergeben sich für die Beteiligten neue Arbeitsbedingungen: neue Arbeitskollegen, Arbeitsplätze, Tätigkeiten, Qualifizierung und all jene Rechte und Pflichten, die im Teilautonomiekonzept enthalten sind. Die Bewertung dieser neuen Zustände führt zu Einstellungsänderungen gegenüber Arbeit und Kollegen. Die Interpretation der Arbeitssituation Gruppenmontage durch die Mitarbeiter und darauf basierende Verhaltensänderungen, die in der Fallstudie verbal beschrieben werden - lassen sich in den Prototypischen Organisationsbildern (Figur 6.6) darstellen:

<table>
<tr><td colspan="2">Prototypisches Organisationsbild des Mitarbeiters</td></tr>
<tr><td>Name / Referenzierung</td><td>Gruppenmontage</td></tr>
<tr><td>spezifisches POB</td><td>Arbeitsbedingungen für Gruppenmontage</td></tr>
<tr><td>allgemeines POB</td><td>Teamarbeit</td></tr>
<tr><td>alternatives POB</td><td>Teilautonomie</td></tr>
<tr><td>POB-Eigentümer</td><td>Mitarbeiter</td></tr>
<tr><td>benötigte Information</td><td>Eigenschaften der Gruppe
Art der Gruppenbildung</td></tr>
<tr><td>Situationsmerkmale</td><td>Neue Arbeitsinhalte
Selbstständigkeit</td></tr>
<tr><td>Folge-Zustand</td><td>Positive Arbeitseinstellung
Freude an der Arbeit
Freude am Lernen</td></tr>
<tr><td>Folge-Aktion</td><td></td></tr>
</table>

Figur 6.6: Gruppenarbeit und Bewertung

6.4.2 Reduktion der Gruppengrösse

Die Darstellung dieses Problems ist anspruchsvoll, weil die von den Agenten empfundenen Folgen (die Konsequenzen des Ereignisses) hypothetischen Charakter besitzen.

Zur Darstellung des Konfliktes "Gruppengrösse reduzieren" werden im Modell die von verschiedenen Agenten (Organisationsmitglieder, Instanzen und Kollektiva) angestrebten Zustände (einerseits die Reduktion der Gruppengrösse, anderseits die Erhaltung der ursprünglichen Gruppenkonstellation) und die damit verknüpften Hypothesen über weitere Zustände in Form von Prototypischen Organisationsbildern wiedergegeben. Mit dem Eintreffen des Ereignisses (Gruppengrösse reduzieren oder beibehalten) ist bereits vorgezeichnet, wie sich die Agenten verhalten und wie ihre Eigenschaftswerte geprägt werden. Im Mitarbeiter-Organisations-Modell richtet sich das Verhalten der Agenten - ungeachtet der objektiven Fakten - nach den Vorstellungen und Vorurteilen, die in den POB enthalten und beschrieben sind, d.h. die Befürchtungen oder Hoffnungen in den Bildern werden für deren Eigentümer zur handlungsleitenden Realität. In den Figuren 6.7, 6.8 und 6.9 sind die Prototypischen Organisationsbilder von Unternehmung, Werkleitung und Mitarbeitern im Falle der Reduktion der Gruppengrösse dargestellt.

Prototypisches Organisationsbild der Unternehmung	
Name / Referenzierung	Gruppengrösse
Hypothese	Gruppengrösse beibehalten
spezifisches POB	wenig Arbeit
allgemeines POB	Konfliktsituation
alternatives POB	
POB-Eigentümer	Unternehmung
benötigte Information	Meinung des Managers erfragen
Bild bestätigt	Gruppengrösse = 10
Bild nicht bestätigt	Gruppengrösse = 7
Situationsmerkmale	Disziplin der Gruppe
	Arbeitsmoral der Mitarbeiter
Folge-Zustand	Personalkosten zu hoch
	zuwenig Arbeit
Folge-Aktion	Personalbestand verkleinern
	Teilzeitarbeit

Figur 6.7: Unternehmens-POB zur Reduktion der Gruppengrösse

Das Prototypische Organisationsbild des Agenten Unternehmung bewirkt, dass bei Nicht-Reduktion der Gruppengrösse, der Zustand "zuwenig Arbeit" sowie "zu hohe Projektkosten" von der Unternehmung als objektiv gültig wahrgenommen und entsprechende (Gegen-) Massnahmen eingeleitet werden (vgl. Aktionen im POB).

Prototypisches Organisationsbild der Werkleitung	
Name / Referenzierung	Gruppengrösse
Hypothese	Gruppengrösse reduzieren
spezifisches POB	Leistungsdruck,
allgemeines POB	Qualitätsprobleme
alternatives POB	Konfliktsituation
POB-Eigentümer	
benötigte Information	Werkleitung
Bild bestätigt	Meinung des Managers erfragen
Bild nicht bestätigt	Gruppengrösse = 7
Situationsmerkmale	Gruppengrösse = 10
	Kohäsion in der Gruppe
Folge-Zustand	
	Anstieg des Arbeitsvolumens
Folge-Aktion	Qualifikationsrückstand
	Überstunden

Figur 6.8: Werkleitungs-POB zur Reduktion der Gruppengrösse

Wird die Gruppengrösse reduziert, signalisiert das POB des Agenten Werkleitung erstens einen Anstieg des Arbeitsvolumens pro Mitarbeiter und zweitens einen Qualifikationsrückstand für die neu in die Montagegruppen eintretenden Mitarbeiter. Die Werkleitung wird deshalb die im POB beschriebenen Aktionen und Zustände einleiten. Während die erste Konsequenz (Anstieg des Arbeitsvolumens) mit sofortiger Wirkung eintritt, wird die zweite Konsequenz sich erst dann manifestieren, wenn neue Mitarbeiter die Arbeit in den Montagegruppen aufnehmen.

Prototypisches Organisationsbild der Montagegruppen	
Name / Referenzierung	Gruppengrösse
Hypothese	Gruppengrösse reduzieren
spezifisches POB	
allgemeines POB	Konfliktsituation
alternatives POB	
POB-Eigentümer	Montagegruppe
benötigte Information	
Bild bestätigt	Gruppengrösse = 7
Bild nicht bestätigt	Gruppengrösse = 10
Situationsmerkmale	Machtposition
Folge-Zustand	Loyalitätsabfall
	Geringe Verantwortungsbereitschaft
Folge-Aktion	Keine weitere Beanspruchung des Mitspracherechtes

Figur 6.9: Montagegruppen-POB zur Reduktion der Gruppengrösse

Die Verarbeitung der POB stellt verschiedene Anforderungen: Aufgrund von Ereignissen und Ereigniskonsequenzen, via subjektive Wahrnehmung von Agenten, erfolgen bestimmte Zustandsänderungen und Aktionen. Einige der "hypothetischen" Folgezustände und -aktionen, die in den POB spezifiziert sind, besitzen zusätzlich eine zeitliche Komponente, d.h. sie werden nicht sofort beim Eintreffen des POB-aktivierenden Ereignisses initialisiert, sondern sind von Fakten abhängig, die zum aktuellen Zeitpunkt noch nicht gültig sind.

Beispiel: Der prognostizierte Qualifikationsrückstand (vgl. POB der Werkleitung) wird erst dann zum Problem, wenn ein neuer Agent in eine Montagegruppe aufgenommen wird. Das Qualifikationsproblem ist fest eingeplant (im POB prognostiziert), ungewiss ist jedoch der Zeitpunkt, an dem sich dieser Zustand manifestieren wird.

Die Wirkung eines Ereignisses kann aufgeschoben werden und sich erst dann manifestieren, wenn bestimmte Veränderungen im Mitarbeiter-Organisations-Modell eintreffen. Exemplarisch werden für die Reduktion der Gruppengrösse die Beziehungen und Prozeduren beschrieben, die benutzt werden, um den prognostizierten Zustand gemäss dem POB der Werkleitung (vgl. Figur 6.8) zu modellieren. Die Beschreibung geht aus vom Zustand "Qualifikationsunterschied" und führt über verschiedene Ereignisse zurück zur Ursache "Austritt eines Mitarbeiters":

- Der Qualifikationsunterschied zwischen einem neuen Agenten in der Gruppe und den übrigen Agenten ist ein Folgezustand des Ereignisses "Neueintritt eines Mitgliedes in die Gruppe" und entspricht der Prognose im POB der Werkleitung.

Das Merkmal "Qualifikation des neuen Mitgliedes" wird dabei relativ zu den Qualifikationen der übrigen Gruppenmitglieder bestimmt.

- Das Ereignis "Neueintritt" ist eine Folge der Aktion "Neues Gruppenmitglied einstellen". Diese Aktion bewirkt, dass aus der verfügbaren Menge von Mitarbeiter-Agenten nach bestimmten Kriterien einer ausgesucht und der Gruppe als neues Mitglied präsentiert wird. Da die Gruppe Mitspracherecht bezüglich neuen Gruppenmitgliedern besitzt, wird ein weiteres Gruppen-POB "neues Gruppenmitglied" aktiviert; wird der neue Mitarbeiter als Gruppenmitglied akzeptiert, folgt darauf das Ereignis "Neueintritt".
- Die Aktion "Neues Gruppenmitglied einstellen" wird ausgelöst, wenn die Restriktion bezüglich Anzahl Gruppenmitglieder (dieser Wert ist auf 7 festgelegt) verletzt wird. Eine Dämonenprozedur überwacht den Merkmalswert Anzahl Gruppenmitglieder. Wird die Anzahl vermindert, löst die Prozedur, die zum Dämon gehört, das Ereignis "neues Gruppenmitglied einstellen" aus.
- Der Merkmalswert "Anzahl Gruppenmitglieder" des Objekts Montagegruppe wird dann verändert, wenn ein Mitarbeiter dieser Gruppe austritt; die entsprechende Gruppe wird "benachrichtigt"; diese Meldung bewirkt, dass der Merkmalswert Anzahl verändert wird.
- Der Austritt eines Agenten aus der Gruppe wird mit Zufallsgeneratoren gesteuert und widerspiegelt die natürlichen Abgänge in einer Firma. Zusätzlich kann ein Mitarbeiter-Agent auch vom Manager entlassen werden. In diesem Fall wird vom Manager via UP-Figur dem betroffenen Agenten eine Meldung (z.B. Kündigung) geschickt. Mit der "Löschung" eines (individuellen) Mitarbeiters werden auch alle Verweise auf dieses Element (z.B. in den Montagegruppen) gelöscht.

Die Aktion Gruppengrösse reduzieren ist ein Ereignis, das den betroffenen Agenten gemeldet wird. Beim Meldungsempfang werden Prozeduren aktiviert, die auf die entsprechenden POB hinweisen und die vorbereiteten Verhaltenssequenzen auslösen.

6.4.3 Leistungsrückstand auf den Zeitplan

Mit dem Begriff der Arbeitsleistung als quantifizierbare Grösse wird auf ökonomisch-technische Aspekte im modellierten Betrieb Bezug genommen. Beim modellierten Produktionsprozess ist der Wert der Solleistung vorgegeben.

Die Abweichung zwischen Ist- und Sollzustand ist ein Ereignis, das bei beliebigen Objektmerkmalen auftreten kann. Das Objektvorkommen Leistungsrückstand ist ein Element der Klasse Abweichungen; es verweist einerseits auf das Objekt Produktionsablauf, das den aktuellen Leistungsstand anzeigt, anderseits auf das Objekt Produktionsablauf-Richtlinien, das den entsprechenden Sollwert enthält. Dämonenprozeduren im Objektvorkommen Leistungsrückstand werden aufgerufen, falls eine Differenz zwischen den beiden Werten entsteht.

Die Kausalitätsbeziehung wird benutzt, erstens um das konkrete Vorkommen Leistungsrückstand mit seinen kausalen Folgen (den Wirkungen) zu verknüpfen und zweitens um die Ursachen, die zu dieser Abweichung führen, mit der Abweichung selbst zu verbinden. In dieser zweiten Funktion agieren die Elemente der Klasse Kausalitätsbeziehungen als Auslöser für das Ereignis Abweichung. Allerdings ist dies nicht die einzige Art wie Abweichungen entstehen können; sie lassen sich direkt durch externe Eingriffe oder - ebenfalls ohne Umweg über die Kausalitätsbeziehungen - mit Zufallsgeneratoren erzeugen. Exemplarisch werden Modellzustände aufgezeigt, die zu Leistungsrückstand führen und somit das Ereignis Abweichung auslösen:

- Verzögerung bei der Bereitstellung von Arbeitsplätzen. Die Verfügbarkeit von Arbeitsplätzen und Material ist eine Vorbedingung für den Produktionsprozess. Das Objekt Ressourcen-Allokation (vgl. Kapitel 5) stellt die Beziehung zwischen Arbeitsplätzen, Material und Produktionsprozess dar. Das Objekt "Ressourcen-Allokation" ist mit dem Objekt Arbeitsstruktur (dessen Merkmal "aktuelle Arbeitsstruktur" nach der Neuorganisation den Wert Gruppenmontage besitzt) über die entsprechenden "Ressourcen"-Slots verbunden. Bestimmte Tätigkeiten an den Motorenständen können nicht ausgeführt werden, solange die Ressourcen fehlen. Die Verzögerung, die sich dann direkt auf den Leistungsrückstand auswirkt, wird realisiert, indem die Aktion "Arbeitsplätze bereitstellen" mit einer Zeitangabe versehen wird, was bewirkt, dass dieses Ereignis verzögert eintritt.
- Ausbildungs- und Anlernphase von Mitarbeiter-Agenten. Da neue Tätigkeiten erlernt werden müssen, sind einige Agenten in den Montagegruppen nicht für den Produktionsprozess verfügbar (sie sind in Ausbildung). Auch nach einer einmaligen Ausbildungszeit beherrschen die betreffenden Agenten die erlernten Tätigkeiten nicht in demselben Mass wie ihre erfahrenen Kollegen. Sie brauchen für die Ausführung einer Tätigkeit mehr Zeit. Diese Anlernphase wird durch das Objekt Manifestation (vgl. Kapitel 5) erfasst. Es hält die Zeitdauer fest, während der ein frisch ausgebildeter Arbeiter "aufwendiger" arbeitet .

Wird der Leistungsrückstand als Ursache betrachtet, dann teilen sich die Folgen, analog zu den meisten Ereignisfolgen, in zwei Komponenten auf: Resultate und Konsequenzen (vgl. 5.2.2). Die Resultate des Leistungsrückstand lassen sich quantitativ erfassen: Die Finanzlage der Firma verändert sich. Im Modell wird dieser messbare Zustand mit dem Objekt Finanzlage erfasst, ein Objekt aus dem ökonomisch-technischen Bereich, das typischerweise zum Organisationsmodell gehört. Die Konsequenzen des Leistungsrückstandes bei den Agenten werden über deren POB gesteuert. Sie bewirken die Veränderung von agentenspezifischen Merkmalen. Das in Figur 6.10 dargestellte Prototypische Organisationsbild zeigt exemplarisch eine mögliche Reaktion und verschiedene, agentenspezifische - hier Merkmale des Kollektivums Montagegruppe - Merkmalsänderungen auf.

Prototypisches Organisationsbild der Montagegruppen	
Name / Referenzierung	Leistungsrückstand
Hypothese	geforderte Stückzahl zu hoch
spezifisches POB	Leistungsdruck
allgemeines POB	Forderung an die Unternehmung
alternatives POB	
POB-Eigentümer	Montagegruppen
benötigte Information	Solleistung
Bild bestätigt	Leistungsdruck nimmt zu
Bild nicht bestätigt	
Situationsmerkmale	
Folge-Zustand	Stress, Überforderung
	Leistungsabfall, Motivationsabnahme
Folge-Aktion	Lohnforderungen

Figur 6.10: Prototypisches Organisationsbild bei Leistungsrückstand

Ein anderes POB gilt für die Agenten, die in kohärenten Gruppen arbeiten. Auf der Basis von gemeinsamen Verständigungsebenen und einem starken Zusammenhalt wird in diesen Gruppen versucht, den Leistungsdruck auszugleichen und zusammen - nicht auf Kosten von leistungsschwächeren Mitgliedern - die geforderte Leistung zu erbringen. Die Reaktion der Gruppenmitglieder äussert sich durch verstärkten Leistungseinsatz und die Bereitschaft zu Überstunden.

Das Modell enthält weiter das Leistungsrückstand-POB der Unternehmung. Dieses Bild hält Massnahmen bereit, die zur Erreichung der Solleistung für nötig gehalten werden, nämlich eine verschärfte Kontrolle bezüglich Anwesenheit und Arbeitsleistung und das Einführen von Überstunden. Die Beweggründe für die Handlungen des Managers, der via die UP-Figur über den Leistungsrückstand informiert wird, sind nicht im Modell enthalten; sichtbar werden nur seine Eingriffe in den Modellverlauf.

6.4.4 Unklarheit bezüglich Lohngruppeneinstufung

Bei der ungleichen Lohneinstufung (Agenten in den Gruppen sind gemäss ihrer bisherigen Einstufung entlohnt, leisten jedoch alle dieselbe Arbeit) stellt sich die Frage nach der Erfassung der Problementstehung und ihren Folgen im Modell. Auf das Lohnproblem werden die Agenten auf folgende Weise aufmerksam:

- Durch das Training und die in der Folge erreichte höhere Qualifikation wird bei den betroffenen Agenten in einer Gruppe die Erwartung bezüglich einer Lohnverbesserung aktiviert.
- Der Leistungsdruck ist - zumindest anfänglich - unter neuen Arbeitsbedingungen gross und führt sofort auf die Frage nach entsprechender Entlohnung. (Was wird geboten für die geforderte Leistung?) Auch hier werden Erwartungen erzeugt.
- Vergleiche zwischen den Agenten innerhalb der Gruppe fördern den Umstand der ungleichen Entlohnung zu Tage.

- Die Agenten überprüfen die schriftlich im Konzept Teilautonomie festgehaltene Basis zur Berechnung der Lohngruppe mit ihrer aktuellen Lohneinstufung.

In allen vier Fällen wird die Diskrepanz zwischen Ist- und Sollwert im Objekt Lohn-Abweichung erfasst und mit Dämonenprozeduren den Mitarbeitern gemeldet. Der Zeitpunkt und die Höhe der Forderung variieren jedoch, da die Agenten ihren aktuellen Lohn mit verschiedenen Grössen vergleichen, nämlich

- mit dem Wert, den sie aufgrund besserer Qualifikation nach absolvierter Ausbildung oder infolge subjektiv empfundenen Leistungsdruckes erwarten,
- mit dem Lohn resp. der Lohneinstufung anderer Agenten,
- mit dem Sollwert gemäss den (betrieblichen) Teilautonomie-Richtlinien.

Bei allen betroffenen Agenten aktiviert das Ereignis Lohnabweichung das entsprechende Prototypische Organisationsbild. Figur 6.11 zeigt exemplarisch ein POP eines Mitarbeiters:

Prototypisches Organisationsbild des Mitarbeiters	
Name / Referenzierung	Lohneinstufung
Hypothese	ungerechte Entlöhnung
spezifisches POB	Leistungsdruck
allgemeines POB	Arbeitsbedingungen
alternatives POB	
POB-Eigentümer	Mitarbeiter
benötigte Information	Lohneinstufung anderer
Situationsmerkmale	ambivalente Information
Folge-Zustand	zunehmender Leistungsdruck
	Konkurrenzdenken
	sinkende Loyalität
Folge-Aktion	Lohnforderungen stellen
	nur hoch eingestufte Tätigkeiten
	ausführen

Figur 6.11: Prototypisches Organisationsbild bei Lohneinstufung

Die Modellierung der Situation "ungleiche Lohneinstufung" setzt sich aus folgenden Teilen zusammen:

- Im Objektvorkommen Lohn-Abweichung wird auf die beiden Grössen Sollohn und aktueller Lohn verwiesen.
- In der Prozedur, die am Slot Differenz angehängt ist, wird die Meldung definiert, welche die betroffenen Mitarbeiter über die Lohnabweichung informieren soll.
- Prototypische Organisationsbilder mit den entsprechenden Verhaltensweisen und Reaktionen werden vordefiniert.

Ein weiteres Problem - das allerdings hier nur am Rande angesprochen werden soll - betrifft die Abbildung von Zuständen bei ambivalenter oder fehlender Information. Wie reagieren Agenten beispielsweise, wenn sie die Kriterien für ihre Lohneinstufung nicht kennen resp. die festgelegten Kriterien nicht mit denen übereinstimmen, die im Organisationsalltag offenbar verwendet werden? Wie lassen sich im Modell die Folgen einer solchen Situation darstellen?

Obwohl in dieser Form noch wenig differenziert und auch keineswegs vollständig, wird im Modell bei Informationsambivalenz mit folgender Heuristik gearbeitet:
> Liegt in einer Situation keine eindeutige Information bezüglich zukünftiger Entscheide oder zukünftiger Aktionen vor, muss - falls Alternativen vorliegen - der ungünstigste Fall angenommen werden.

Im Falle der unklaren Entlohnungskriterien werden zwei Alternativen angesprochen: einerseits die Entlohnung gemäss beherrschten Tätigkeiten, anderseits die Entlohnung gemäss den einzelnen, aktuell ausgeführten Tätigkeiten. Im Prototypischen Organisationsbild der Mitarbeiter-Agenten ist - im Einklang mit oben erwähnter Heuristik - festgelegt, dass möglichst denjenigen Tätigkeiten der Vorzug gegeben werden soll, die in beiden Fällen die beste Lohnsumme garantieren. Dieses POB beeinflusst das Verhalten der Agenten bezüglich der Übernahme von Arbeiten; auch die gleichmässige Verteilung von Tätigkeiten wird gestört. Konkurrenzdenken in den Arbeitsgruppen kann als mögliche Folge dargestellt werden.

6.5   Vor der Testphase

Nach den theoretischen Untersuchungen in den vorangegangenen Kapiteln (insbesondere Kapitel 2 und 3) wurde in diesem Kapitel das Datenmaterial der Fallstudie in das Modell aufgenommen und die Simulation vorbereitet. Das bereichsspezifische Wissen wurde modelltechnisch klassifiziert, die Modellobjekte mit ihren charakteristischen Eigenschaften versehen und entsprechend ihrer realen Beziehungen miteinander verknüpft. Ebenfalls spezifiziert wurden die Prototypischen Organisationsbilder, welche potentiell mögliche Modellzustände aus der Sicht der Agenten bewerten und entsprechende Handlungsmuster anbieten. Damit wurde auch die Grundlage gelegt, hypothetische Vorstellungen analog zu objektiven Gegebenheiten zu verarbeiten. Ursachen und Wirkungen von Ereignissen, die entweder direkt durch Aktionen von Agenten und vom Manager oder indirekt aufgrund von Abhängigkeiten zwischen den Modellobjekten ausgelöst werden, sind in den Kausalitätsbeziehungen definiert. Einige weitere Beziehungen zwischen Modellobjekten wurden ebenfalls explizit dargestellt (z.B. zeitliche Abhängigkeiten, Ressourcen-Allokation).

Manifestationen und ihre Bedeutung für den Modellverlauf, Verzögerung von Reaktionen und zufallsgesteuerte Aktionen ebenso wie die Auswirkungen von modellexternen Eingriffen werden erst während der Simulation sichtbar.

Die Formalisierung des Mitarbeitermodells (Agenten und ihre Prototypischen Organisationsbilder) erweist sich als wesentlich schwieriger und aufwendiger als diejenige des Organisationsmodells. Das Wissen, das im Mitarbeitermodell benötigt wird, insbesondere zur Spezifikation von Handlungen und Verhaltensweisen von Agenten, aber auch zur Bestimmung motivgeleiteter Aktivitäten, ist erstens aus einer verbalen Beschreibung nur mühsam herauszuschälen. Wie allgemein beim "Knowledge Engineering" stösst man schnell auf das Problem, dass Personen oft nicht angeben können, welche Denkpfade oder Handlungswege sie beschreiten, worauf sie ihre Handlungen abstützen oder wie sie Aufgaben strukturieren, um effizient ein Ziel zu erreichen. Zweitens ist die Wiedergabe des Wissens problematisch, denn jede Formalisierung impliziert auch bereits, dass dieses Wissen überhaupt der gewählten Darstellungsform unterworfen werden kann und dass die Dynamik, die damit ins Modell hineingebracht wird, derjenigen in der Realität zumindest ähnlich ist. Auf diesem Hintergrund ist es sinnvoll, die verwendeten Daten im Sinne von "Testdaten" für das Modell zu bewerten.

7 Simulationen im Mitarbeiter-Organisations-Modell

In diesem Kapitel werden Prozesse und Vorgänge im Mitarbeiter-Organisations-Modell mit dem auf die Software-Umgebung von KEE aufgesetzten Simulations-Paket SimKit modelliert. Die Agenten und ihr Verhalten resp die Interaktionen zwischen den Agenten und ihrer organisatorischen Umgebung lassen sich nun auch unter dem Aspekt der Zeit untersuchen. In der Simulation werden insbesondere auch Verzögerungen von Ereignisfolgen oder Langzeitwirkungen von Aktionen sichtbar.

Während Kapitel 6 die Objekte für die Erfassung der Problemsituationen aus der Fallstudie und deren Modellierung in KEE, also die statischen Aspekte und dynamischen Aspekte von Organisationssituationen lediglich beschrieb, werden in diesem Kapitel die Simulationsbedingungen aufgeführt und Simulationen aufgezeichnet. Dabei geht es darum, typische Abläufe darzustellen, die nicht nur im Rahmen der Fallstudie Gültigkeit besitzen, sondern allgemein bei der Simulation von Organisationsabläufen auftauchen können.

7.1 Modellierungsbedingungen

Jede Realisierung von Konzepten und Theorien - und seien es nur einfache Gedanken - muss sich definitionsgemäss gewissen realen Gegebenheiten unterordnen. Das computergerechte Produkt reflektiert deshalb immer auch das Werkzeug, das in diesem Arbeitsschritt, vom formal beschriebenen Modell zu den implementierten Programmen, eingesetzt wird. Bereits das in Kapitel 6 verwendete Knowledge Engineering Environment (KEE) prägt die Erfassung der Modellobjekte und die Art und Weise der Darstellung der Wissensprimitiva. Auch die Verwendung von SimKit beeinflusst die Modellierung des Mitarbeiter-Organisations-Modells. An erster Stelle steht dabei die Eigenschaft von SimKit, diskrete ereignis-orientierte Simulation zu unterstützen.

7.1.1 Simulationsbereich Organisation

Betrachtet man eine Organisation als diskretes System, dann erweist sich zur Erfassung von Organisationsabläufen die ereignis-orientierte Simulation als geeignet. Stetige Veränderungen treten zwar auch in organisatorischen Bereichen auf. Meist interessieren jedoch nicht einzelne Zwischenwerte, sondern nur Anfangs- und Endzustand einer Veränderung. Von den Simulationsmechanismen erwartet man folgende Unterstützung:

- kontextabhängige Berichterstattung,
- die Auswertung bestimmter Eigenschaftswerte von Modellobjekten aufgrund vorgegebener Wahrscheinlichkeitsverteilungen,
- die Beantwortung von "Was wäre, wenn"-Fragen.

Kontextabhängige Berichterstattung meint zwei Dinge: Erstens soll das System nicht immer sämtliche Grössen verarbeiten und dem Benutzer präsentieren, sondern nur solche, die für ihn wichtig sind - er hat sie dementsprechend gekennzeichnet - oder solche, die innerhalb des betrachteten Kontextes eine entscheidende Stellung innehaben. Zweitens soll das System Grössen, die sich festgelegten Schwellenwerten nähern, "im Auge behalten" resp. ihren Verlauf in Situationen der Unstetigkeit präzise erfassen, beispielsweise durch häufige Referenzierung.

Ferner muss die Möglichkeit bestehen, vergangene Simulationsperioden zueinander in Beziehungen zu setzen oder zusammenzufassen und gemeinsam auszuwerten. Diese Forderung wird aufgestellt, damit der Verlauf einzelner Modellgrössen genau verfolgt werden kann, Durchschnittswerte berechnet und Berichte mit statistischen Auswertungen erstellt werden können. Die Modellierung eines indeterministischen Systems verlangt zudem, dass die Auswahl gewisser Modelleigenschaften aufgrund von Wahrscheinlichkeitsverteilungen geschieht .

Die Beantwortung von "Was wäre, wenn"-Fragen führt zu einem weiteren Problem: Bevor ein Simulationslauf zur Bestimmung von möglichen nächsten Zuständen und gültigen Merkmalskombinationen durchgeführt werden kann, muss eine Standardbesetzung der Modellmerkmalswerte vorgenommen werden. Es ist nicht sinnvoll, alle potentiell möglichen Situationen durchzutesten, erstens weil viele davon im aktuellen Kontext nicht relevant sind, zweitens weil sonst die Leistung des Rechners überfordert wird. Die Frage "was passiert, wenn der Mitarbeiter X entlassen wird?" muss in einer lokal begrenzten Umgebung beantwortet werden können, unter Verwendung gewisser Default-Werte für Merkmale, die in die Simulation einbezogen werden. Das bedingt jedoch, dass die verantwortliche Kontrollinstanz beträchtliches Wissen über das Modell (Restriktionen, Plausibilitäten) besitzt.

7.1.2 Kontinuität des Simulationslaufes

Um den Simulationslauf für das Mitarbeiter-Organisations-Modell über beliebige Zeit sicherzustellen, wird ein sogenanntes Hintergrund-Szenario entwickelt. Ereignisse werden definiert, die, wenn sie eintreffen, ihrerseits wieder neue Ereignisse erzeugen. Die Iteration von Ereignisabarbeitung und stetiger Ereigniserzeugung liefert den Rahmen, innerhalb dessen bestimmte einmalige Ereignisse (z.B. Aktionen von Agenten) stattfinden. Die Vorstellung, dass in einer Organisation kontinuierlich neue Ereignisse (es können auch dieselben Ereignisse zu einem neuen Zeitpunkt sein) eintreten, scheint durchaus plausibel. Im Mittelpunkt des Interesses stehen allerdings solche Ereignisse, die sich von den alltäglichen Geschehnissen abheben und deshalb ausserhalb dieses kontinuierlichen Ereignisflusses liegen (z.B. Erreichen von Grenzwerten). Insbesondere interessieren die von Agenten ausgelösten Ereignisse (Aktionsereignisse) sowie die von aussen ins Modell hineingetragenen (z.B. vom Manager resp. vom Untersuchungspartner und von der Versuchsleitung.

Durch das Modell "fliessen" Informationen verschiedener Art:
* Anweisungen und Befehle von den Instanzen-Agenten, der Werkleitung oder der Unternehmung, oder vom modellexternen Manager via UP-Figur,
* Aufgaben, die in der Organisation anfallen und von den Agenten erledigt werden müssen (z.B. Tätigkeiten ausführen),
* Meldungen über verschiedene Zustände (z.B. Abweichungen).

Neben den Informationen, die von Agenten selbst erzeugt werden, gibt es auch verschiedene Organisations-Modellobjekte (z.B. Aufgaben-Pool) und abstrakte Objekte (z.B. die Konstrukte zur expliziten Wissensrepräsentation wie Kausalität, Abweichung, Ressourcen, etc.), die Informationen erzeugen. Am Bestimmungsort angelangt, werden diese Informationen jeweils gelöscht.

Die Kontinuität des Simulationslaufes wird in MOMo durch die Arbeitstätigkeit der Agenten in den Montagegruppen gewährleistet. Die einzelnen Gruppen werden von einem Aufgaben-Pool mit Tätigkeiten "versorgt". Der Aufgaben-Pool ist ein zusätzliches Objekt im Modell mit der Funktion, die Information zur Ausführung von Tätigkeiten in gewünschten Abständen und in entsprechender Häufigkeit zu erzeugen und an die Mitglieder der Gruppe zu schicken. Ist ein Agent bereits mit einer Aufgabe beschäftigt, wird die nächste anfallende Aufgabe an ein anderes Mitglied der Gruppe vergeben. Die Zeitdauer, die zur Ausführung einer Tätigkeit benötigt wird, ist als Eigenschaftswert der Tätigkeit selbst zugeschrieben und kann somit für verschiedene Tätigkeiten individuell festgelegt werden.

Das Generieren einer neuen Tätigkeit im Aufgaben-Pool (es gibt nur eine endliche Menge von Tätigkeiten, jedoch ist der Zeitpunkt ihrer Generierung beliebig) wird als Ereignis im Ereigniskalender gespeichert. Der Kalendereintrag umfasst:
* den Zeitpunkt des Ereignisses,

- das konkrete Ereignis selbst (z.B. eine bestimmte Meldung oder Aktion),
- die Objekte, auf die das Ereignis gerichtet ist oder die davon betroffen sind (z.B. Agenten),
- eine Prioritätsangabe, falls zu einem Zeitpunkt mehrere Ereignisse eintreffen,
- weitere Angaben (z.B wer hat das Ereignis erzeugt).

Das Ereignis "Tätigkeit erzeugen" führt zur Aktivierung verschiedener Prozeduren. Beispielsweise wird bestimmt, wer (welcher Agent) die Tätigkeit ausführen soll; dazu muss geprüft werden, welche Agenten im Augenblick nicht beschäftigt sind und welcher von diesen als nächster berücksichtigt wird (Rotation bei der Aufgabenzuweisung). Weiter werden verschiedene Zeitspannen berechnet, beispielsweise das Intervall zwischen der Generierung der Tätigkeit und der Weitervermittlung an einen Agenten, die Dauer bis zum Beginn der Arbeitsaufnahme und bis zum Generieren der nächsten Tätigkeit.

7.1.3 Struktur von MOMo und Darstellung mit SimKit

Die Beziehungsstruktur der Objekte im Mitarbeiter-Organisations-Modell ist durch die Generalisierungs- und Spezialisierungs-Beziehungen (Ober-Unterklassen und Elemente von Klassen) definiert (vgl. Kapitel 6). Auch in der erweiterten Software-Umgebung von SimKit bleibt die Beziehungsstruktur des Modells vollständig erhalten. Diese Beziehungsstruktur lässt sich allerdings bei der Darstellung von Modellobjekten im SimKit Graphikfenster (vgl. Kapitel 3.4) nicht mehr erkennen (Figur 7.1); das ist jedoch auch nicht der Zweck dieses Fensters. Im Graphikfenster werden nämlich erstens nur Vorkommen von Objekten repräsentiert und zweitens stellen die Verbindungslinien "Informationskanäle" im weitesten Sinne dar. Ausschnitte des Fensters entsprechen dem Bild, das sich der Beobachter von einer realen Organisation macht; verdeckt werden die für den Modellverlauf wesentlichen Vernetzungen der Objekte untereinander.

Die Simulation von Arbeitsbedingungen unter der Arbeitsstruktur Gruppenmontage basiert auf der Ebene des individuellen Agenten. Figur 7.1 zeigt exemplarisch eine der vier Montagegruppen resp. die Agenten, die dieser Gruppe angehören. Die Kästchen "Aufgaben erledigt" und "Aufgaben nicht erledigt" sind - wie der Aufgaben-Pool - Hilfsobjekte, die aus simulations-technischen Gründen erstellt wurden und konzeptionell nicht zur Organisation gehören. Ihnen kommt die Funktion zu, die durch das Modell fliessenden immateriellen Gegenstände, im allgemeinen Fall sind es Informationen, hier sind es Aufgaben, aufzunehmen und wieder "aus dem Verkehr" zu ziehen. Zudem werden diese Hilfsobjekte für Auswertungen benutzt (z.B. Anzahl und Art der Aufgaben, Häufigkeit). Die im Graphikfenster bildlich dargestellten Agenten sind Vorkommen der Klasse Gruppenmitglieder und verfügen über die Merkmale und Eigenschaften, die im Kapitel 6 beschrieben wurden (z.B. Motivation, Einstellung zur Arbeit, Arbeitsleistung).

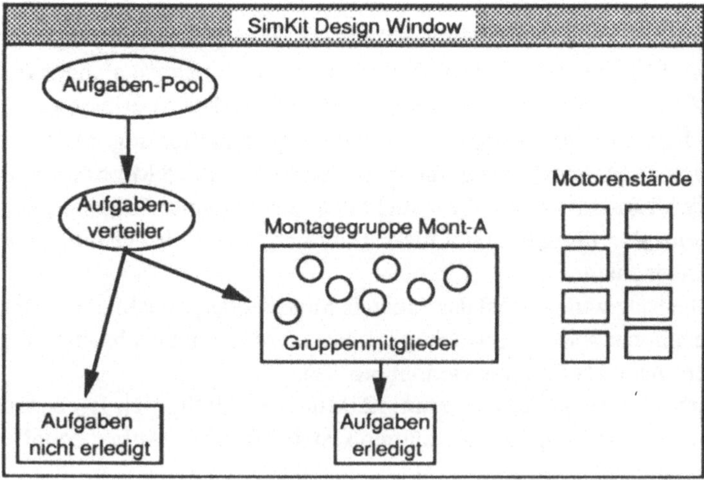

Figur 7.1: Ausschnitt aus dem Mitarbeiter-Organisations-Modell

7.1.4 Zeitdimension im Arbeitsablauf

Jedes Ereignis im Kalender besitzt eine absolute Zeitangabe. Die hier angesprochene Bedeutung von Zeit meint die eigenständig laufende Zeit der Umgebung (Simulationszeit). Es stellt sich daher die Frage, welche Zeiteinheit sinnvollerweise mit der Simulationsuhr erfasst werden soll und welche Länge die Zeitintervalle zwischen den Zeitsprüngen minimal oder maximal haben sollten. Die modellierte Organisationswelt bietet verschiedene zeitliche Grössenordnungen an:

- die Arbeitszeiten der Agenten an den Montageinseln. Einzelne Aufgaben beanspruchen Minuten bis Stunden, andere einen ganzen Tag.
- die Wirkungsdauer organisatorischer Bedingungen. Überstunden oder Qualifizierung zeigen ihre Wirkung eventuell erst nach einigen Tagen oder Wochen (z.B. Fluktuation, Qualität der Produkte).
- weitreichende organisatorische Zeiträume. Adäquaterweise muss hier mit Zeitgrössen von mehreren Monaten oder Jahren operiert werden (vgl. die in der Fallstudie geschilderte Einführung und Probephase der Arbeitsstruktur bei autonomen Montagegruppen).

Wird im Modell der Tagesablauf in der Organisation dargestellt (z.B. der Prozess der Arbeitsaufteilung in den Gruppen, die erzielte Tagesleistung), liegen die Zeitsprünge der Simulation im Bereich von Stunden und Stundensegmenten. Interessieren die grossen Zusammenhänge und Langzeitwirkungen von Eingriffen, werden die zeitlichen Abstände von Ereignissen in der Grössenordnung von Tagen oder Wochen sein. Auch bei dicht aufeinanderfolgenden Ereignissen lässt sich der Modellverlauf übersichtlich erfassen, indem mit Datenkollektoren, welche die Daten in grossen Zeitabständen sammeln, nur die über weite Zeiträume sich abzeichnenden Entwicklungen verfolgt werden.

In MOMo wird für die gewünschte Untersuchung der Ereigniskalender zeitlich dicht belegt, um Zustandsänderungen in kleinen Zeitintervallen zu erfassen (z.B. Arbeitseinsatz bei Überstunden, Engpässe bei der Arbeitsaufteilung in den Gruppen). Ausgehend von der Arbeitsleistung, die in der Fallstudie mit 25 Motoren pro 8h-Tag und Gruppe vorgegeben ist, werden die Tätigkeiten, die von einer Gruppe erledigt werden müssen, als einzelne Ereignisse definiert. Damit ergeben sich Zeitsprünge im Bereich von Stundensegmenten.

- Pro Arbeitstag wird 25-mal das Ereignis Motormontage ausführen erzeugt.
- Die Funktionenkontrolle, welche jeweils an 6 Motoren gleichzeitig vorgenommen wird, erscheint als Ereignis viermal pro Tag.
- Nacharbeit wird gleichzeitig an 12 Motoren durchgeführt; ebenso wird die Materialbereitstellung für 12 Motoren konzipiert. Diese Aufgaben fallen zweimal am Tag an.
- Die Dispositionstätigkeit wird jeweils einmal pro Woche ausgeführt.

7.2 Organisationsabläufe ohne externe Eingriffe

Die folgenden kurzen Szenarien orientieren sich an den Problemsituationen der Fallstudie. Die Resultate der Simulationsläufe lassen sich daher mit dem konkreten Organisationsbild der Fallstudie teilweise vergleichen, bewerten und auf Plausibilität hin beurteilen. Die Szenarien erheben - nebst ihrer Approximationsfunktion an die Fallstudie - den Anspruch, einige typische Organisationssituationen zu repräsentieren, also Sequenzen zu enthalten, die sich in einer beliebigen Organisation abspielen könnten; damit wird ihnen zwangsläufig ihre episodische Einzigartigkeit genommen. Diese Konsequenz ist jedoch tragbar, da erstens das Mitarbeiter-Organisations-Modell nicht zuletzt deshalb erstellt wurde, um das allgemeine Agenten-Umgebungs-Modell auf eine gegebene Problemstellung anzuwenden. Zweitens wurde das Modell, obwohl es sich an konkretem Datenmaterial orientiert, absichtlich so konzipiert, dass auch anderes Datenmaterial ohne grossen Aufwand eingebaut werden kann.

Typische Situationen in der Organisationswelt, die weder an eine Zeit noch an einen bestimmten Ort gebunden sind und in verschiedenem Kontext auftauchen können, sind:
- eine Zustandssequenz (bessere Ausbildung führt zu höheren Lohnerwartungen),
- eine Zustandssequenz mit Verzögerungen (Überstunden bewirken Leistungsdruck; daraus resultiert vermehrt fehlerhafte Produktion, was später eventuell zu Reklamationen von Kunden führt),
- eine Abweichung (Lohn, Leistung),

- ein asynchrones Ereignis (Ausfall einer Maschine),
- finanzielle Belastung (Agenten sind in Ausbildung, daraus entsteht Verzögerung in der Produktion),
- die Wirkung eines POB (Wahrnehmung der Lohnsituation).

Im folgenden werden unter Berücksichtigung zeitlicher Abhängigkeiten einige Abläufe im Organisationsalltag durchgespielt (z.B. die Regelung der Ausbildung, die Konsequenzen einer besseren Qualifizierung, die Folgen von ungleicher Lohneinstufung auf das Verhalten von Agenten und weitere Auswirkungen auf den Arbeits- und Produktionsprozess).

7.2.1 Aspekte des Arbeitsprozesses

Die Agenten im Mitarbeiter-Organisations-Modell sind mit den Fähigkeiten ausgerüstet, autonom die Tätigkeiten, die in der modellierten Organisationswelt anfallen, auszuführen. Ereignisse, die während der Simulation eintreten, werden von den Agenten mit Hilfe ihres Wahrnehmungsfilters, den Prototypischen Organisationsbildern, verarbeitet und entsprechend "beantwortet".

Ausbildung

Der Ausbildungsstand der Agenten wird beschrieben durch die Angabe derjenigen Tätigkeiten, die vom Agenten ausgeführt werden können. Ein Agent kann fähig sein, alle anfallenden Tätigkeiten oder aber auch nur eine einzelne auszuführen. Die Arbeit in der Gruppe setzt nun voraus, dass jeder Agent in der Lage ist, sämtliche Tätigkeiten auszuführen; demzufolge müssen einige Agenten neue Tätigkeiten erlernen. Der Problemkreis Ausbildung wird folgendermassen simuliert: Beim Zuweisen einer Aufgabe an einen Agenten, wird anhand des Objektes Ressourcen-Allokation, welches explizit die Verbindung zwischen Produktionsprozess und nötigen Ressourcen darstellt, geprüft, ob der Agent über die nötigen Fähigkeiten verfügt; ist dies der Fall, kann er die Tätigkeit annehmen und ausführen. Wie lange er mit dieser Tätigkeit beschäftigt ist, hängt von zwei Faktoren ab, der Ausführungszeit, die der Tätigkeit selbst zugeschrieben ist und dem Arbeitstempo des Agenten, welches drei Stufen erreichen kann:

- das Arbeitstempo des "Neulings", der keinerlei Erfahrung mit dieser Tätigkeit besitzt.
- das Arbeitstempo des angelernten Agenten, der diese Tätigkeit bei seinem früheren Arbeitseinsatz bereits ausgeführt hat.
- das Arbeitstempo eines qualifizierten Agenten, der sowohl aufgrund seiner ursprünglichen Ausbildung wie auch seiner Arbeit im Betrieb mit der Tätigkeit bestens vertraut ist.

Es gibt weitere Einflussfaktoren (z.B. Arbeitsmotivation und Stress), welche das Arbeitstempo verändern; sie wirken allerdings erst dann, wenn ihr Wert eine bestimmte Grenze unter- resp. überschreitet. Diese Werte werden nicht in Zahlen ausgedrückt, sondern qualitativ gewichtet. Im Normalfall wird eine Werteskala mit sieben

Abstufungen benutzt; sie reicht von minimal über gering, wenig, mittel, viel, sehr viel
bis zu maximal (vgl. Figur 7.8). Die meisten agentenspezifischen Merkmale (z.B.
Motivation, Arbeitsleistung, Loyalität) werden mit diesen diskreten Werten erfasst.
Kritisch für das Auslösen von Folgeerscheinungen (z.B. Arbeitstempo reduzieren) ist im
Normalfall der Übergang von "mittel" auf "wenig" resp. von "mittel" auf "viel".

Während die (bezüglich einer bestimmten Tätigkeit) angelernten und qualifizierten
Agenten die ihnen zugewiesenen Tätigkeiten - mit unterschiedlichem Zeitaufwand -
ausführen, werden die "Neulinge" in eine Ausbildung geschickt. Die Dauer ist abhängig
von der Tätigkeit, die erlernt wird. Während der Ausbildung ist der Agent von seiner
Gruppe abwesend und somit für den Produktionsprozess nicht verfügbar. Da das Mass
der Aufgaben auf eine vollbesetzte Gruppe zugeschnitten ist, führt die Abwesenheit
einzelner Gruppenmitglieder zu Engpässen in der Produktion; es können nicht mehr alle
anfallenden Tätigkeiten erledigt werden. Analog zur Fallstudie wird im Modell - als
Folge der Einarbeitung in die neue Arbeitsstruktur und den damit verbundenen
Ausbildungsanforderungen - der Rückstand auf den Leistungsplan simuliert. Die Konsequenzen bei Leistungsrückstand werden später aufgezeigt.

Nach der Ausbildung nimmt der Agent seinen früheren Posten in der Gruppe wieder ein.
Im Graphikfenster wird dieser Prozess mit Animation verdeutlicht, d.h. der Agent
wandert bildlich von der Gruppe zur Ausbildungsstätte und wieder zurück. Durch die
Ausbildung haben sich einige Merkmalswerte beim Agenten verändert:
  * Die neu erlernte Tätigkeit wurde zu seinen bereits beherrschten hinzugefügt.
  * Die Geschwindigkeit, mit der er im folgenden die neu erlernte Tätigkeit ausführt ,
    hat sich erhöht.
  * Die Bereitschaft zur Übernahme von Verantwortung ist angestiegen, beeinflusst
    durch die grössere Kompetenz, die der Agent bei der Arbeitsausführung besitzt.
  * Der Sollohn hat sich verändert.

Der Sollohn berechnet sich - gemäss Richtlinien im Teilautonomiekonzept - aus der
Anzahl der beherrschten Tätigkeiten. Die Simulation von steigendem Sollohn und
stagnierendem aktuellen Lohn wird im nächsten Abschnitt beschrieben.

Lohneinstufung
Analog zu den Qualifikationseigenschaften der einzelnen Mitarbeiter-Agenten variiert
auch die individuelle Lohneinstufung. Zu Beginn der Simulation wird der Lohn jedes
Agenten aufgrund des Merkmalswertes Ausbildung (die Initialwerte können mit einem
Zufallsgenerator erzeugt werden) berechnet und in seinem Frame im Lohnslot
eingetragen. Der Lohn kann nur auf Anweisung der UP-Figur verändert werden, der
Sollohn hingegen wird automatisch aufdatiert, wenn der Agent eine Ausbildung
absolviert. Dämonenprozeduren überwachen Sollohn und aktuellen Lohn. Werden
Abweichungen festgestellt, empfängt der entsprechende Agent eine Meldung und
reagiert gemäss seinem Prototypischen Organisationsbild. In diesem Fall reflektiert das
Bild die Situation der ungerechten Lohneinstufung, verweist auf den aktuellen Kontext

(bessere Ausbildung, Richtlinien im Teilautonomiekonzept) und bestimmt das Verhalten des Agenten. Aufgrund der unterschiedlichen agentenspezifischen Merkmale zeigen sich verschiedene Reaktionen: Der eine Agent meldet die Abweichung der UP-Figur (dadurch wird auch der modellexterne Manager in Kenntnis gesetzt). Ein anderer Agent informiert seine Arbeitskollegen. Diese vergleichen darauf ihren eigenen Lohn mit dem Lohndurchschnitt in der Gruppe. Wieder ein anderer reduziert seinen Arbeitseinsatz, reagiert mit sinkender Arbeitsmotivation oder fehlt vermehrt am Arbeitsplatz (Absentismus). Nicht in jedem Fall erfährt der Manager via UP-Figur von der Unzufriedenheit seiner Untergebenen, eventuell sieht er nur indirekte Folgen (z.B. die abfallende Leistung, die Weigerung, Überstunden zu absolvieren), wobei er dann nicht eindeutig beurteilen kann, worauf diese gründen.

Meldet sich der betroffene Agent bei der UP-Figur, erwartet er, dass diese sich für sein Anliegen einsetzt. Der Zeitpunkt, zu dem diese Meldung erstmalig erfolgt, wird notiert, damit spätere Reaktionen (z.B. wiederholte Forderung) in Abhängigkeit zur verstrichenen Zeitdauer definiert werden können. Im Prototypischen Organisationsbild, das den Wahrnehmungsfilter des Agenten bezüglich der Lohnfrage darstellt, ist die Frist festgelegt, innerhalb derer eine Verbesserung der Lohnsituation erwartet wird. Verstreicht diese Zeit, ohne dass die Dämonenprozedur am Lohnslot eine Änderung registriert, werden weitere - im POB vordefinierte - Aktionen ausgeführt, d.h. Folgeereignisse gelangen mit entsprechender Zeitangabe in den Ereigniskalender (z.B. wiederholte Forderung nach mehr Lohn, Konspiration mit anderen Agenten oder Kündigung). Nebst diesen Aktionen zeigen sich, falls Forderungen unbeantwortet bleiben, auch bei den agentenspezifischen Merkmalswerten Veränderungen:

- Die Einstellung zur UP-Figur verschlechtert sich, weil sich beim Agenten das Gefühl nährt, diese kümmere sich nicht um ihre Untergebenen.
- Werden vom Agenten Überstunden verlangt oder werden ihm Spezialaufgaben aufgetragen, reagiert er nur widerwillig oder überhaupt nicht.
- Der Agent identifiziert sich weniger mit den Motiven des Unternehmens; er stellt vermehrt seine eigenen in den Vordergrund.

Die Reaktionen von Agenten stehen somit häufig in Abhängigkeit zu früheren Aktionen, die sie selber initiiert haben. Die zeitliche Dimension im Modell erlaubt diese Beziehung zwischen Aktion und Reaktion zu erfassen. Andere Agenten - und auch der modellexterne Manager haben dadurch die Möglichkeit, zukünftige Reaktionen von Agenten vorauszusehen, in ihr eigenes Verhalten einzuplanen und somit graduell abzuschwächen oder zu verstärken. Beispielsweise kann der Manager via UP-Figur den Modellverlauf entscheidend beeinflussen und weitere Handlungen von Agenten verhindern oder erst hervorrufen, indem er - in Anbetracht der Verknüpfung von Aktionen und Reaktionen von Agenten - selbst Aktionen und Gegenaktionen einleitet oder bewusst bestimmte Entwicklungen ignoriert. Wird der simulierte Organisationsablauf nicht durch externe Eingriffe verändert, mehren sich über die Zeit - analog zur Fallstudiensituation - die Auswirkungen der von den Richtlinien abweichenden Lohneinstufung. Allerdings ist im

Modell die Bandbreite, innerhalb derer sich diese Auswirkungen manifestieren, bewusst grösser gewählt, um sie während dem Modellverlauf besser verfolgen zu können.

Unklare Lohnpolitik

Nach einer bestimmten Zeit tritt im Zusammenhang mit dem Lohnproblem ein weiteres Phänomen auf: Überschreitet nämlich die von den Datenkollektoren erfasste und ausgewertete Abweichung der aktuellen Löhne und der aufgrund der Richtlinien errechneten Sollöhne in einer Gruppe einen bestimmten Grenzwert (die Abweichungen bei den Gruppenmitgliedern werden aufsummiert), beginnt sich der Arbeitsprozess in den Gruppen zu verändern. Der Zeitpunkt, zu dem diese Veränderung eintrifft, ist bei den Gruppen aufgrund ihrer Heterogenität verschieden.

Im Gegensatz zu der bisherigen Rotation bei der Arbeitsaufteilung versuchen nun die einzelnen Agenten innerhalb der Gruppe, vermehrt diejenigen Tätigkeiten auszuführen, die bezahlungsmässig besser abschneiden. Für die Simulation wurde angenommen, dass an erster Stelle die Aufgabe Motormontage steht, gefolgt von der Funktionenkontrolle, der Nacharbeit, der Materialbereitstellung und der dispositiven Tätigkeit. Simuliert wird die Veränderung im Arbeitsverhalten, indem einem Agenten nicht automatisch eine Tätigkeit zugewiesen wird, sondern er sie selber auswählt. Implementatorisch wird zu diesem Zweck zwischen Aufgaben-Pool und Montagegruppe ein Verteiler geschaltet, welcher die vom Aufgabenpool produzierten Tätigkeiten sammelt: Die Agenten wählen aus der Menge der verfügbaren Tätigkeiten diejenigen aus, die sie ausführen wollen. Damit wird nicht der Arbeitsumfang, sondern nur die Arbeitsaufteilung verändert.

Die individuelle Wahlstrategie eines Agenten wird durch seine Motive bestimmt. Agenten mit hohen Lohnansprüchen (Motiv) übernehmen keine schlecht entlohnten Aufgaben mehr. Agenten mit einem Interesse an gut funktionierender Gruppenarbeit führen weiterhin sämtliche Arbeiten aus.

Die veränderte Arbeitsaufteilung beeinflusst den Produktionsablauf; werden Arbeiten nicht oder verspätet ausgeführt (z.B. Materialbereitstellung), gerät die Motormontage ins Stocken. Im folgenden Abschnitt wird dieses Ereignis erörtert. Zusätzlich entsteht unter den Agenten in der Gruppe aufgrund der unausgeglichenen Arbeitsverteilung eine Konkurrenzsituation, die negativ auf die Kommunikation und das Gruppenklima wirkt und die Motivation der Gruppenmitglieder beeinflusst. Diese Kettenreaktionen werden über die kausalen Verbindungen zwischen den Merkmalen erzeugt

Rückstand auf den Leistungsplan

Die Leistung eines kollektiven Gruppen-Agenten werden jeweils am Ende einer Woche (Simulationszeit) ausgewertet; um die Leistung zu berechnen, werden vereinfacht die von einer Gruppe ausgeführten Tätigkeiten addiert. Zu diesem Zeitpunkt wird geprüft, ob die Sollleistung erfüllt wurde resp. wie gross die Differenz zum Leistungsplan ist. Dem Manager steht es offen, bei Abweichungen bestimmte Aktionen via UP-Figur einzuleiten.

Bleiben die Aktionen der UP-Figur aus, d.h. es findet keine Leistungs- und Produktivitätskontrolle statt, dann erhöhen sich angesichts des Rückstandes auf den Leistungsplan bei den in den Gruppen tätigen Agenten Leistungsdruck und Stress. Die Reaktionen von Agenten werden wiederum über die Prototypischen Organisationsbilder gesteuert. Diese widerspiegeln die individuellen und kollektiven Erfahrungen und Vorstellungen bei Leistungsrückstand sowohl bezüglich des eigenen (Agenten-) Schicksals als auch bezüglich Auswirkungen für das Gruppenmontage-Projekt. Leistungsdruck und Stress - als merkmalsverändernde Folgen des Produktionsrückstandes - beeinflussen direkt die Arbeitsmotivation und indirekt die Absentismusrate der Agenten. Der Leistungsdruck äussert sich in der zunehmenden Unzufriedenheit über die Arbeitsbedingungen und manifestiert sich in Lohnforderungen. In MOMo sind Lohnforderungen ein Merkmal, das auf verschiedene unzulängliche Arbeitsbedingungen hinweist (z.B. auch Überforderung).

Wie in den anderen, bereits geschilderten Problemsituationen divergieren die Verhaltensmuster der verschiedenen Gruppen im Fall von Leistungsrückstand. Kohärente Gruppen versuchen, gemeinsam eine Lösung zu finden und den Leistungsdruck nicht auf schwächere Gruppenmitglieder abzuwälzen. Modelltechnisch bedeutet dies, dass die Arbeitsleistung sämtlicher Gruppenmitglieder hinaufgesetzt wird. Inkohärente Gruppen verhalten sich weniger kooperativ; in diesen Gruppen steigt denn auch die Absentismusrate.

7.2.2 Auswirkungen asynchroner Ereignisse

Asynchrone Ereignisse, das sind kontinuierlich auftretende Phänomene, deren Eintreffen zwar einkalkulierbar, jedoch zeitlich nicht im voraus bestimmbar ist, treten häufig im ökonomisch-technischen Bereich auf; im folgenden werden zwei solche Ereignisse herausgegriffen.

Defekte Motorenstände

Die Verfügbarkeit von Motorenständen auf den Montageinseln wird in der Simulation zufallsgesteuert. Das Objekt Motorenstand besitzt das Merkmal Funktionstüchtigkeit, welches zwei Werte annehmen kann, nämlich defekt und in-Funktion. Der Zustand defekt tritt mit einer Wahrscheinlichkeit von 0.05 ein; die Ausfallwahrscheinlichkeit der Motorenstände wurde absichtlich sehr hoch angesetzt. Bevor ein Motorenstand (Objektvorkommen) belegt werden kann, wird seine Funktionstüchtigkeit abgefragt. Diese Abfrage wird von einer Prozedur geleistet, die vor jeder Arbeitsausführung aktiviert wird.

Fällt ein Arbeitsplatz aus und sind alle anderen Motorenstände belegt, verzögert sich der Arbeitsprozess, denn die Tätigkeit kann erst dann ausgeführt werden, wenn wieder ein Motorenstand verfügbar ist. Die Zeitdauer des Ausfalls wird mit einem normalverteilten Zufallszahlengenerator gesteuert, wobei die durchschnittliche Instandstellung bei einem halben Tag liegt. Die Kosten der Reparatur belasten das Budget des Produktionswerkes. Durch zusätzliche Wartung - auch diese wird budgetiert - kann die Anfälligkeit der Maschinen verringert werden; dieser Entscheid muss jedoch von der UP-Figur resp. vom Manager angeordnet werden.

Verzögerung des Materialnachschubes

Jeder Arbeitsgruppe ist ein Materiallager zugeteilt; dieses Materiallager wird durch ein Objekt repräsentiert. Bevor die Tätigkeiten Motormontage, Funktionenkontrolle und Nacharbeit ausgeführt werden können, wird von einer Prozedur geprüft, ob im Materiallager genügend Material vorhanden ist. Das Objekt Tätigkeit besitzt das Merkmal Materialmenge mit der entsprechenden Wertangabe. Beim Objektvorkommen ist dieser Merkmalswert als numerische Grösse gespeichert. Werden die obengenannten Tätigkeiten ausgeführt, reduziert sich jeweils die Materialmenge im Lager. Das Ausführen der Tätigkeit Materialbereitstellung hingegen führt zu einer Aufstockung dieser Materialmenge. Ist für die Motormontage und die Tätigkeiten Funktionenkontrolle und Nacharbeit nicht genügend Material vorhanden, dann liegt der Arbeitsprozess brach, bis wieder genügend Material bereitgestellt ist. Der UP-Figur wird die Material-versorgungspanne gemeldet; somit erfährt sie auch der modellexterne Manager. Die Verzögerung von Materialbereitstellung wirkt sich automatisch auf das Produktions-ergebnis aus. Der Manager kann jedoch vorausblickend die Agenten in den Gruppen via UP-Figur anweisen, die Materialversorgung zu gewährleisten, indem er die Tätigkeit Materialbereitstellung anordnet.

7.3   Interaktionen zwischen Manager und Modell

Interessant sind im Rahmen dieses Mitarbeiter-Organisations-Modells vor allem die Interaktionen zwischen den Agenten auf der Mitarbeiter-Ebene und den Agenten auf hierarchisch höheren Stufen, also insbesondere auf der Manager-Ebene. Die Position des Managers wird hier allerdings nicht durch einen Agenten im Modell repräsentiert, sondern der reale Manager resp. der Untersuchungspartner interagiert via UP-Figur mit dem Modell (Modellversion 2). Folglich muss die Verbindung zwischen den Aktionen eines Manager und seinen Subjektiven Organisationstheorien manuell hergestellt werden, denn die SOT selbst sind nicht im Modell repräsentiert; es kann nur ihre postulierte Wirkung "gemessen" werden.

Nebst dem Manager kann auch die Versuchsleitung Eingriffe in das Modell vornehmen. Ihr bleibt es vorbehalten, Manipulationen durchzuführen, die grundsätzlich neue Bedingungen für den Modellverlauf schaffen (z.B. Verwendung anderer Motivbäume). Solche Veränderungen sind in der jetzigen Version des Modells nicht vorbereitet, d.h.

um solche Änderungen vorzunehmen, muss man mit der Entwicklungsumgebung von
KEE vertraut sein.

7.3.1 Schnittstellen des Modells

Die Ereignisse der simulierten Organisationswelt erfährt der Manager via die Meldungen
der UP-Figur (vgl Figur 6.3). Andere Informationen kann er aktiv erwerben, indem er
Aktionen auslöst, die sich an bestimmte Agenten oder auch an andere Objekte richten.
Wie sich der modellexterne Manager über das Mitarbeiter-Organisations-Modell
informieren und welche Aktionen er via UP-Figur auslösen kann, wird in den folgenden
Abschnitten beschrieben.

Die UP-Figur

Der UP-Figur im Modell werden verschiedene Meldungen zugeschickt, die sie über die
Zustände in der modellierten Organisation informieren (z.B. Lohnforderungen von
Mitarbeitern, Materialversorgungspannen, Ausfall von Motorenständen). Der Manager
erfährt diese Meldungen, indem Datenkollektoren jede Meldung, welche die UP-Figur
empfängt, in ein Fenster auf dem Bildschirm schreiben (Figur 7.2).

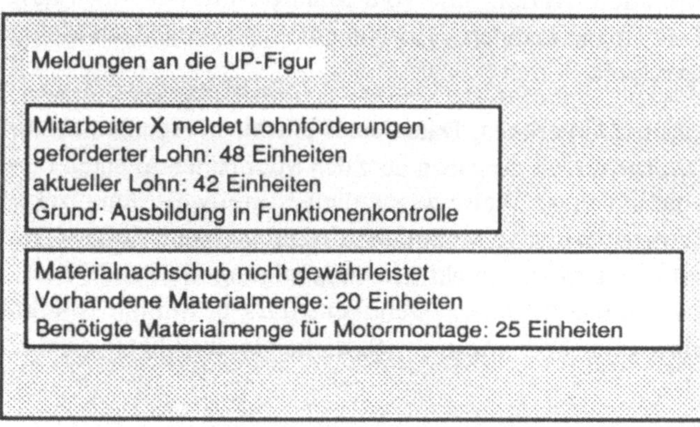

Figur 7.2: Meldungen

Anhand dieser Informationen kann der Manager entscheiden, was er tun will. Auch
wenn er keine Eingriffe vornimmt, beeinflusst er das Modellverhalten, denn der weitere
Modellverlauf und insbesondere das Verhalten der Agenten, basiert auf der Tatsache,
dass die Meldungen an die UP-Figur geschickt wurden. Diese Meldungen besitzen somit
nicht nur die Funktion, Modellzustände anzuzeigen, sondern sie bilden gleichzeitig die
Grundlage für zukünftiges Modellverhalten.

Angenommen, ein Agent schicke der UP-Figur eine Meldung, um ihr zu sagen, dass er
mehr Lohn fordere und angenommen, diese Meldung werde vom Manager ignoriert,
dann ist aus Modellperspektive diese Situation nicht identisch mit derjenigen, in welcher
der Agent keine Meldung geschickt hat. Beide Situationen zeigen zwar oberflächlich

dasselbe (negative) Resultat. Im ersten Fall verknüpft jedoch der Agent mit seiner Handlung eine Erwartungshaltung, die auf sein Verhalten auch dann wirkt, wenn der Manager nicht reagiert. In Kapitel 4 wurde der Begriff "symbolischer Austausch" verwendet. Das heisst, dass zunächst unabhängig von den Entscheidungen des Managers, allein schon das Absenden einer Meldung eine Bedeutung für den Agenten im Modell und somit eine Bedeutung auch für den Modellverlauf besitzt.

Information via Graphikfenster

Das Graphikfenster von SimKit zeigt den Arbeitsverlauf in den Gruppen. Die graphische Hervorhebung der einzelnen Objekte (sowohl Agenten wie Arbeitsplätze) macht deutlich, wer in welchen Arbeitsprozess involviert ist. Datenkollektoren präsentieren den Stand der Produktion (die bereits erledigten und noch ausstehenden Arbeiten, die Arbeitsleistung und den Qualifikationsstatus eines Agenten sowie die Auslastung von Maschinen).

Informations- und Aktions-Menü

Das Modell bietet weiter eine Schnittstelle für Abfragen und Aktionen an. Sie besteht aus Objekten, die graphisch auf dem Bildschirm dargestellt werden, sprechende Namen besitzen (Information, Aktion) und vom Manager mit der Maus ausgewählt werden können. Wird ein Objekt aktiviert, erscheint eine Liste derjenigen Meldungen, die dieses Objekt ausführen kann.

Das Objekt Information erlaubt, Daten eines einzelnen Agenten abzufragen. Figur 7.3 präsentiert exemplarisch die Angaben über den Mitarbeiter-Agenten B. Allerdings ist die Information, die auf diese Weise zugänglich ist, teilweise inkorrekt. Beispielsweise besitzt das agentenspezifische Merkmal "Einstellung zum Vorgesetzten" immer einen positiven Wert, auch wenn die aktuelle Ausprägung eine andere ist. Damit wird im Modell dem Umstand Rechnung getragen, dass bestimmte Merkmalswerte zwar abgefragt werden können, die Antwort jedoch nicht unbedingt korrekt sein muss.

```
┌─────────────────────────────────────────────────────────┐
│                    KEE Typescript Window                  │
├─────────────────────────────────────────────────────────┤
│ Mitarbeiter                                               │
│ Name                           Mit-B                      │
│ ....                           ....                       │
│ Ausbildung                     Angelernt in Motormontage  │
│ (interne) Weiterbildung        Nacharbeit                 │
│ Arbeitsschicht                 Schicht 1                  │
│ Gruppenzugehörigkeit           Montagegruppe A            │
│ Beherrschte Tätigkeiten        Motormontage Nacharbeit    │
│ Aktueller Lohn                 Lohnstufe 2                │
│ Soll-Lohn                      Lohnstufe 3                │
│ Arbeitseinsatz                 mittel                     │
│ Motivation                     gering                     │
│ Einstellung-zur-Arbeit         neutral                    │
│ Einstellung-zum-Vorgesetzten   positiv                    │
│ Einstellung-zur-Firma          positiv                    │
│ Disziplin                      gut                        │
│ Verantwortungsbereitschaft     gering                     │
│ Leistungsdruck                 wenig                      │
│ ....                           ....                       │
└─────────────────────────────────────────────────────────┘
```

Figur 7.3: Eigenschaften eines Mitarbeiter-Agenten

Das Objekt Aktion orientiert den Manager über seine Möglichkeiten in den Modellverlauf einzugreifen. Mit der Angabe von zusätzlichen Argumenten spezifiziert er den genauen Inhalt der Meldung (z.B. Aufgabe Materialbereitstellung ausführen), wann eine Meldung eintreffen soll und an welches Modellobjekt die Meldung geschickt wird. Figur 7.4 listet die im Modell vorbereiteten Meldungen, die der Manager via UP-Figur an die Agenten oder übrige Modellobjekte schicken kann.

Meldungen	Argumente
Aufgabe ausführen	Aufgabe, wer, wann
Ausbildung absolvieren	Ausbildung, wer, wann
Grupenbildung vollziehen	autonom, kontrolliert
Gruppengrösse reduzieren	Gruppe, Anzahl, wann
Kontrolle ausüben	Kontrolle, wo, wann
Lohn verändern	Lohnhöhe, bei wem, wann
Neue Gruppenmitglieder einstellen	Gruppe, wen, wann
Überstunden anordnen	wer, wieviele, wie lange
Wartungsarbeiten anordnen	Wartungarbeit, wo, durch wen

Figur 7.4: Vorbereitete Meldungen für externe Eingriffe

Die Versuchsleitung kommuniziert mit dem Modell ebenfalls über das Schicken von Meldungen und besitzt zusätzlich die Möglichkeit, direkt auf die Modellebene zuzugreifen und Manipulationen vorzunehmen. Mit LISP-Funktionen können sämtliche Modellobjekte verändert oder gelöscht und auch neue Objekte erzeugt werden.

7.3.2 Verwendung von Datenkollektoren

Theoretisch lassen sich sämtliche Merkmale von Modellobjekten mit Datenkollektoren erfassen. Die verschiedenen Datenkollektoren von SimKit werden graphisch unterstützt (z.B. mit Balkendiagrammen oder Gradanzeigern). Allerdings ist der Platz auf dem Bildschirm begrenzt, so dass die Daten zwar jederzeit gesammelt und in der Simulation selbst verwendet, auf dem Bildschirm jedoch nicht alle gleichzeitig angezeigt werden können. Will man eine genaue Analyse, muss die Simulation kurz unterbrochen werden.

Die Tätigkeit des Aufgaben-Pools wird mit einem Datenkollektor ausgewertet. Dieser ist an das Frameslot angehängt, das die Aufgaben vor der Verteilung enthält. Bei jeder Aufdatierung dieses Slot wird der Datenkollektor aktiviert. Figur 7.5 zeigt die Häufigkeit der anfallenden Tätigkeiten über die Zeit.

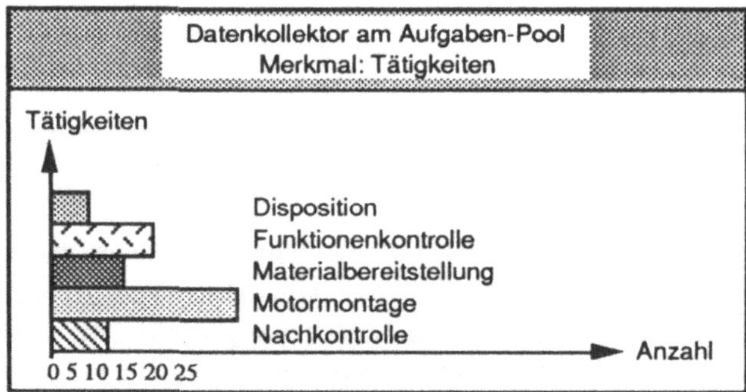

Figur 7.5: Output des Aufgaben-Pools

Werden die aktuell ausgeführten Tätigkeiten innerhalb einer Gruppe pro Agent mit Datenkollektoren erfasst, zeigen sich die Auswirkungen der unklaren Lohnpolitik. Die Veränderung im Arbeitsverhalten, d.h. die unterschiedliche Verteilung der Arbeiten unter den Gruppenmitgliedern, lässt sich an den Einträgen im Frameslot "ausgeführte Tätigkeiten" der entsprechenden Agenten ablesen (Figur 7.6).

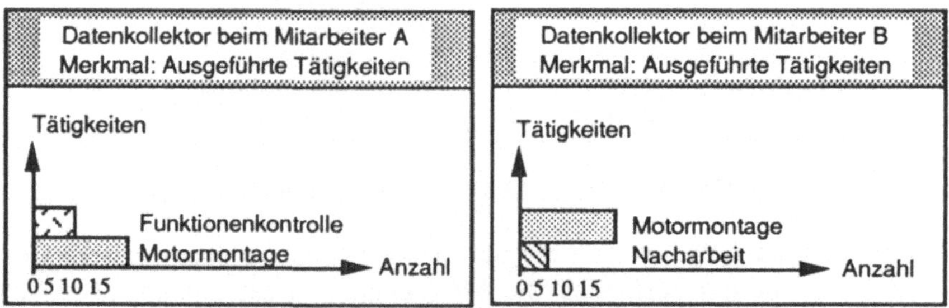

Figur 7.6: Die von den Mitarbeitern ausgeführten Tätigkeiten

Der Zeitpunkte der Datenerfassung mit Datenkollektoren lässt sich willkürlich wählen. Damit jedoch Zustandsänderungen beim Merkmal eines Objektes in kurzen Zeitintervallen auch nachgeführt werden, müssen die Zeitschritte der Simulation verkürzt werden. Die Beeinflussung der Zeitschritte geschieht durch Einfügen zusätzlicher Ereignisse in den Ereigniskalender. Mit einem gewissen Aufwand liesse sich damit annähernd auch die Darstellung von kontinuierlichen Funktionen realisieren. Die kontextabhängige Steuerung der Zeitschritte wird mit Dämonenprozeduren realisiert.

Beispiel: Die Motivation der Agenten einer Montagegruppe bleibt über lange Zeit relativ stabil. Durch ein Ereignis, eine Zustandsänderung oder durch einen externen Eingriff rückt der Motivationswert in die Umgebung eines Schwellenwertes. Die Zeitabstände werden verkleinert, damit der Verlauf der Motivationskurve, der im Bereich dieses Grenzwertes eventuell instabil ist, genau beobachtet werden kann (Figur 7.7).

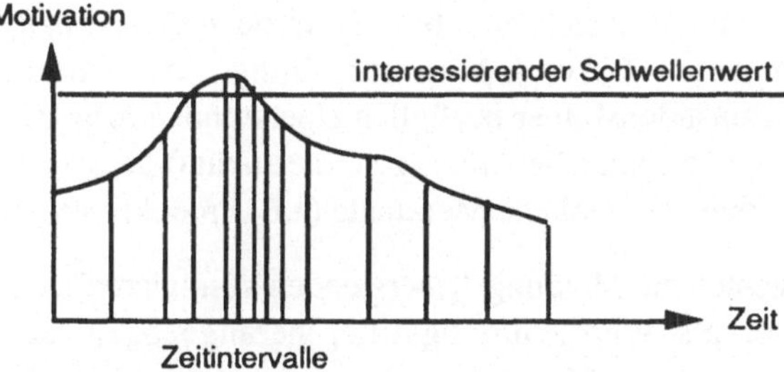

Figur 7.7: Motivationsverlauf

Motivationsänderungen lassen sich beispielsweise durch Datenkollektoren erfassen, die graphisch als Gradanzeiger dargestellt werden. Figur 7.8 zeigt die Motivation eines Agenten vor und nach Überschreitung des festgelegten Grenzwertes. Allerdings stehen in MOMo für die Motivationswerte wie auch für andere qualitative agentenspezifische Merkmale nur 7 diskrete Werte zur Verfügung. Diese Menge kann jedoch beliebig erweitert werden. Denkbar ist auch, dass modellintern mit numerischen Werten gerechnet wird und dass diese dann bei der Interaktion mit der Modellaussenwelt auf eine endliche Menge von diskreten Werten abgebildet werden.

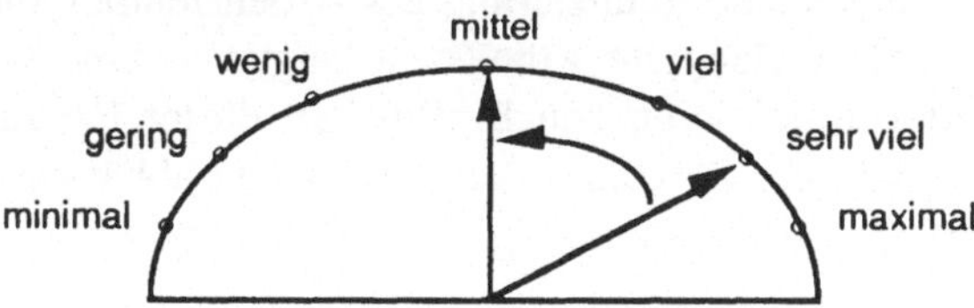

Figur 7.8: Motivationsänderungen

7.3.3 Aktionen des Managers

Will der Manager resp. der Untersuchungspartner in den Modellverlauf eingreifen, dann benutzt er dazu das Objekt Aktionen, das sämtliche Eingriffe in das Modell in Form von Meldungen weiterleitet. Aus der Menge der Manipulationsmöglichkeiten, die dem Manager zur Verfügung stehen, werden im folgenden exemplarisch einige ausgewählt und ihre Wirkung in der Simulation durchgespielt. Aufgezeigt werden vor allem die Reaktionsketten von Agenten im Modell und die sich verändernden organisatorischen Bedingungen.

Überstunden

Angenommen, der Manager sei auf den Rückstand der Produktion auf den Leistungsplan aufmerksam geworden und beschliesse, bei den Agenten einer Gruppe Überstunden anzuordnen. Indem er die entsprechende Meldung an die Agenten schickt, spricht er ein Netz von sich gegenseitig beeinflussenden Grössen an, unter anderem die Merkmale der Agenten (z.B. Arbeitseinstellung, Motivation, Loyalität), ihre Prototypischen Organisationsbilder bezüglich Überstunden resp. die darin festgelegten Verhaltensänderungen, die aktuelle Arbeitszeit, die zukünftige Arbeitszeit, die Dauer der Massnahme selbst sowie betriebliche Merkmale (z.B. Produktivität, Absentismus).

Empfangen die Agenten die Meldung "Überstunden absolvieren", werden Prototypische Organisationsbilder als Wahrnehmungsfilter herangezogen: Je nachdem, ob die Anweisung als eine sinnvolle Massnahme eingeschätzt wird (z.B. von loyalen Agenten mit hoher Verantwortungsbereitschaft) oder als Schikane empfunden wird (z.B. von Agenten mit geringer Motivation), verändert sich das Arbeitstempo der Agenten. Verschiedene weitere Bedingungen (situationsspezifische Merkmale, Motive von Agenten) bestimmen den weiteren Modellverlauf.

Beispiel: Steht bei einem Agenten das Ziel "gute Bezahlung" im Vordergrund, wird er mit Lohnforderungen - in Form von Meldungen an die UP-Figur - reagieren.

Durch die Überstunden wird die durchschnittliche Arbeitszeit der Agenten verlängert; beträgt die neue Arbeitszeit mehr als 120% (normale Arbeitszeit 100%), steigt das Stresspotential und die Absentismusrate. Die Zunahme der Fehlerhaftigkeit bei den Produkten und eine allgemeine Reduzierung des Arbeitstempos sind weitere Folge- erscheinungen, falls die verlängerte Arbeitszeit länger als eine Woche dauert. Die Simulationsergebnisse reflektieren den Einfluss all dieser Faktoren und erlauben beispielsweise, eine von der Zeitdauer der Massnahme abhängige Kosten-Nutzen- Analyse zu erstellen.

Förderung der Ausbildung

Eine andere Möglichkeit, den im Modell eingetretenen Leistungsrückstand aufzuholen und gleichzeitig die Motivation der Agenten anzuheben, ist die Förderung der

Qualifikation. Agenten, die eine Ausbildung für das Erlernen einer bestimmten Tätigkeit absolviert haben, beherrschen diese nicht in demselben Masse und können sie nicht gleichermassen effizient ausführen wie diejenigen Agenten, welche aufgrund ihrer Berufsausbildung bereits spezielle Fähigkeiten mitbringen und sich bei der Ausführung der Tätigkeit im Betrieb Erfahrung angeeignet haben. Der Manager kann entscheiden, ob er die Agenten weitere Ausbildungskurse absolvieren lassen will. Allerdings muss er dabei berücksichtigen, dass erstens die Agenten für die Zeit ihrer Ausbildung im Produktionsprozess fehlen und zweitens pro Ausbildung das Budget des Werkes beansprucht wird.

Ordnet der Manager eine zusätzliche Ausbildung an, dann wird zuerst geprüft, ob die Mehrkosten einer Ausbildung vom Budget gedeckt sind. Damit werden ansatzweise real vorhandene Restriktionen modelliert. Erhält ein Agent dann die Aufforderung zur Ausbildung, verlässt er die Gruppe - entweder sofort oder nach Beendung seiner aktuellen Tätigkeit - und absolviert die entsprechende Ausbildung. Die Folgen (z.B. verbesserte Arbeitseffizienz) wurden in Kapitel 6 aufgezeigt.

Reduktion der Gruppengrösse

Eine weitere Möglichkeit das Modellverhalten zu beeinflussen, ergibt sich beim Problemkreis Gruppengrösse. Zwei verschiedene Szenarien lassen sich durchspielen:

- Die Reduktion der Gruppengrösse wird vom Manager angeordnet oder - was für den Modellverlauf in diesem Falle gleichbedeutend ist - von der Versuchsleitung initiiert.
- Der Manager beschliesst, die Gruppen in ihrer ursprünglichen Grösse bestehen zu lassen.

Im ersten Fall (Gruppengrösse reduzieren) werden die in den Gruppen als Ersatzleute figurierenden Agenten (es sind jeweils drei) an ihre früheren Arbeitsplätze zurückgeschickt. Die Meldung "Gruppengrösse reduzieren" bewirkt, dass Agenten mit dem Status Ersatzmitglied die Meldung "Gruppe verlassen" empfangen. Da bei den kohärenten Gruppen (dies sind bei autonomer Gruppenbildung namentlich die Gruppen A und B) alle Mitglieder gleichermassen integriert sind, gibt es dort den Status Ersatzmitglied nicht mehr. Deshalb wird in diesen Gruppen die Meldung "Gruppe verlassen" an die ersten drei Agenten geschickt, die beim Gruppenmerkmal Mitglieder genannt werden. Die Ausgliederung von Gruppenmitgliedern wird in allen Gruppen negativ aufgenommen (die Einstellung zum Unternehmen sinkt, ebenso das Vertrauen in die Projektrichtlinien).

Weitere Konsequenzen werden über die POB der Gruppen-Agenten und der Instanzen-Agenten gesteuert: Für die Gruppen bedeutet die Reduktion, dass prozentual mehr Arbeit geleistet werden muss. Im Modell wird diese Interpretation durch einen Anstieg von Leistungsdruck und Stress simuliert; die Merkmalswerte werden angehoben, auch wenn objektiv das anfallende Arbeitsquantum bewältigbar ist. Dies geschieht in der Absicht, den Einfluss der subjektiven Wahrnehmung nachzubilden. Das POB des Instanzen-

Agenten Werkleitung tritt in Kraft, wenn im späteren Modellverlauf infolge eines natürlichen Abganges aus der Gruppe, ein neuer Agent aufgenommen werden muss. Obwohl die Ersatzleute über dieselbe Ausbildung verfügen wie die übrigen Gruppenmitglieder, glaubt die Werkleitung, dass eine Wieder-Integration schwierig sei. Diese Überzeugung wird modelliert, indem die Arbeitseffizienz neuer Agenten über längere Zeit hinter derjenigen der übrigen Gruppenmitglieder zurückbleibt. Ihr Arbeitstempo wird relativ zum durchschnittlichen Arbeitstempo in der Gruppe berechnet. Die Neueingliederung verursacht überdies Mehrkosten, die entsprechend im Budget erfasst werden.

Sollte der Manager beschliessen, die Gruppengrösse beizubehalten, beeinflusst das POB des Agenten Unternehmung den Modellverlauf: Mehrkosten und zuwenig Arbeit sind Folgen dieser Entscheidung, zwar nicht objektiv, jedoch entsprechend den modellierten Vorstellungen der Unternehmung. Die vom POB ausgelösten Prozeduren stocken die Ausgaben im Budget auf; dadurch wird der Aktionsraum des Managers eingeschränkt.

Auswirkungen des Gruppenbildungsprozesses

Beide Fälle sowohl die Gruppenarbeit auf dem Hintergrund einer autonomen als auch einer kontrollierten Gruppenbildung, werden getestet. Dazu wird jeweils das Modell neu initiiert und der gewünschte Gruppenbildungsprozess aktiviert; automatisch werden die Merkmalswerte der einzelnen Gruppen-Agenten eingefügt (z.B. Ausbildungsstand, Beziehungsstruktur unter den Mitgliedern). Bereits zu Beginn des simulierten Arbeitsprozesses präsentieren sich divergierende Bilder:

Im ersten Fall (autonome Gruppenbildung) zeigen sich quer über die Gruppen bei den Agenten unterschiedliche Ausbildungsprofile. Es gibt Tätigkeiten, welche bisher von keinem Agenten in einer Gruppe ausgeführt wurden. In diesem Fall werden gleichzeitig mehrere Agenten in die Ausbildung geschickt und fehlen demnach für die Produktion. In einer anderen Gruppe werden bestimmte Aufgaben äusserst effizient erledigt, weil die Mehrzahl der Agenten über die nötigen Fähigkeiten bereits verfügt. Somit unterscheidet sich während den ersten Simulationsperioden die Leistung der Gruppen-Agenten beträchtlich. Beim kontrollierten Gruppenbildungsprozess zeigen die Gruppen im Quervergleich ein mittleres Ausbildungsniveau. Bei allen vier Gruppen sind Arbeitsablauf und Produktivität während den ersten Simulationsperioden vergleichbar.

Die beiden Szenarien, der Arbeitsablauf und die Produktivität, einmal bei autonom entstandenen Gruppen, das andere Mal bei kontrolliert gebildeten Gruppen, nähern sich nach wenigen Simulationsperioden einander an. Der Zeitraum hängt von der benötigten Ausbildung, der Arbeitszeit und dem Arbeitstempo der Agenten ab. Kleine Schwankungen entstehen durch den Ausfall von Maschinen und Verzögerung bei der Materialbereitstellung. Grössere Unterschiede in Abhängigkeit zum gewählten Gruppenbildungsprozess zeigen sich im simulierten Modellverlauf, dann allerdings bei den oben beschriebenen Problemsituationen sowie bei den Folgen (modellexterner) Aktionen, denn die Art der Gruppenbildung prägt die Eigenschaftsmuster der Agenten, deren Prototypische Organisationsbilder und somit das gesamte Modellverhalten.

Da die Fallstudie autonome Gruppenbildung untersucht, ist diese Variante im Modell am detailliertesten ausgearbeitet: So werden bei der Simulation, die der autonomen Gruppenbildung folgt, zusätzlich zu den Prototypischen Organisationsbildern von einzelnen Mitarbeiter-Agenten auch POB von (kollektiven) Gruppen- und Instanzen-Agenten verwendet; im Fall der kontrollierten Gruppenbildung wird die kollektive Beurteilung einer Situation nicht mitberücksichtigt.

7.4   Augenschein-Validität

Bei der Bewertung des Mitarbeiter-Organisations-Modells MOMo steht im Vordergrund nicht die objektive Validität, die sicher dann von zentraler Bedeutung ist, wenn eine Rückübertragung der Modellergebnisse in den abgebildeten Wirklichkeitsbereich beabsichtigt wird, sondern es geht vorerst einmal um eine Augenschein-Validität. Die Augenschein-Validität bewertet das Modell hinsichtlich seiner Plausibilität in den Augen des Benutzers, in diesem Fall des modellexternen Managers und der Versuchsleitung. Sie kann dann als befriedigend bezeichnet werden, wenn der Manager das Modellverhalten als zutreffend befindet und ihm das Modell ein gültiges Abbild der Realität zu sein scheint. So stellte beispielsweise Dörner bei seinem Modell Lohhausen, dem Simulationsmodell einer Stadt, fest, dass die Validität hinsichtlich einer wirklichkeitsgetreuen Abbildung von objektiven Gegebenheiten relativ schlecht war, die modellierte Welt also teilweise beträchtlich von der Wirklichkeit abwich, die Augenschein-Validität hingegen sehr gute Resultate erhielt, die Untersuchungspartner in seinem Modell also den Eindruck erhielten, es handle sich um ein plausibles, gutes Modell [Dörner et al. 83].

Wird in MOMo eine Woche als Simulationsperiode gewählt, so stellt diese Zeitspanne einen Prüfstein für die Plausibilität resp. Augenschein-Validität des Modells (oder der Simulation) dar, denn während Wochenfrist sollte sich das Modellverhalten nicht grundlegend, sondern nur in bestimmten Bandbreiten verändern. Beispielsweise dürfen die Eigenschaftswerte von Agenten nicht von minimal auf maximal springen, sondern sich nur langsam verschieben, es sei denn, massive Eingriffe von aussen würden vorgenommen. Bisher wurden allerdings noch keine Modellexperimente mit realen Managern als Untersuchungspartner durchgeführt.

Ein guter Teil dessen, was im Modell während der Simulation geschieht, bleibt der direkten Beobachtung verborgen (z.B. die Verhaltenssteuerung der Prototypischen Organisationsbilder, die Änderung von Merkmalswerten bei Agenten, die diversen Prüfungen bezüglich Grenzwerten und Verfügbarkeit von Ressourcen). Sichtbar werden jene Zustände, die der UP-Figur gemeldet werden, die Abläufe im Graphikfenster und die Veränderungen von Merkmalen, die mit Datenkollektoren gesammelt und graphisch auf dem Bildschirm repräsentiert werden. Das gesamte Modellverhalten kann nicht auf einen Blick erfasst werden, sondern muss für eine genaue Untersuchung zwangsläufig entweder zeitlich oder räumlich unterteilt werden. Im ersten Fall (zeitliche Segmentierung) läuft die Simulation schrittweise, d.h. der Simulationslauf stoppt nach jedem Ereignis und macht die Analyse aller relevanten Grössen möglich. Im zweiten Fall (räumliche Segmentierung) werden nur ganz bestimmte Modellobjekte beobachtet (z.B. einzelne Agenten). Die Merkmale dieser Objekte werden mit Datenkollektoren erfasst und während der Simulation bei jeder Veränderung aufdatiert. Die Breite der Betrachtung wird eingeschränkt, weil nicht mehr alle Vernetzungen beobachtet werden können; umso detaillierter ist jedoch die Information über die ausgewählten Objekte im Hinblick auf ihr zeitliches Verhalten.

8 Zusammenfassung

Künstliche Intelligenz verstanden als eine Technologie im Bereich wissensbasierter Systeme, aber auch als eine Wissenschaft, welche die Prinzipien von Intelligenz und intelligentem Verhalten in Interaktion mit einer Umgebung untersucht, muss sich - um die eigens gesteckten Ziele zu erreichen - vermehrt an hybriden Ansätzen orientieren und Konzepte entwickeln, die aus der Isolation herausführen. Dies gilt nicht nur für die Lösung von technischen Problemen bei der Modellierung, sondern auch für die Erstellung von theoretischen Fundamenten für Anwendungen in verschiedenen Bereichen.

Die theoretische Begründung und die praktische Realisierung eines hybriden Agenten-Umgebungs-Modells, das auf der Einbettung von wissensbasierten Systemen oder von sogenannt "intelligenten Agenten" in eine Umgebung und der Verarbeitung von Interaktionen zwischen Agent und Umgebung beruht, konstituiert den Inhalt dieses Buches. Die Modellierung orientiert sich insbesondere auch an der Cognitive Science, denn nicht nur Leistung und Effizienz sind Kriterien für die Bewertung von Konzept und Modell, sondern vor allem auch die Plausibilität der modellierten, kognitiven Interaktionen zwischen Agent und Umgebung.

8.1   Aspekte der Modellierung

Das Modellierungskonzept ist auf einen Problembereich ausgelegt, der folgendermassen charakterisiert werden kann:

- Erstens umfasst der Problembereich komplex strukturierte Objekte resp. Agenten, denen die Fähigkeit zukommt, Aktionen auszuführen und Entscheide zu treffen.
- Zweitens finden die Aktivitäten dieser Agenten notwendigerweise in einer eigenständigen, nicht deterministischen und von den Agenten nur partiell erfass- und kontrollierbaren Umgebung statt.
- Drittens zeichnet sich der Problembereich durch die Interaktionen aus, die zwischen den handelnden Objekten und der Umgebung stattfinden. Zusätzlich bedarf es geeigneter Theorien, um diese Interaktionen zu beschreiben.

Aufgrund dieser Merkmale lässt sich - zumindest im Sinne einer Ausschliessung - erkennen, ob das Modellierungskonzept auf eine bestimmte Problemstellung anwendbar ist und ob Erkenntnisse und Resultate, die beispielsweise bei der Kategorisierung von Wissen und der Konstruktion der Wissensprimitiva oder etwa auch bei der praktischen Anwendung im zweiten Teil dieses Buches gewonnen wurden, genutzt werden können.

Im folgenden werden einige Eigenschaften des Modellierungskonzeptes sowie verschiedene Implementationsaspekte nochmals hervorgehoben und kurz kommentiert.

8.1.1 Hybridität

Das Agenten-Umgebungs-Modell ist ein hybrides Modell. Die Bezeichnung hybrid verweist auf die Verwendung von Techniken der Künstlichen Intelligenz und der Simulation. In Abhebung zu den an manchen Orten im Einsatz stehenden wissensbasierten Systemen ist die isolierte, zeitlose und somit realitätsfremde Darstellung des Problembereiches und der Problemlösung aufgegeben worden zugunsten eines erweiterten Ansatzes, der die Umgebung und die Interaktion mit der Umgebung in das Modell einbezieht. Aber auch von traditionellen Simulationsmodellen hebt sich das Agenten-Umgebungs-Modell ab, indem konzeptionell der Simulationsmechanismus nicht mit dem Wissen im Modell verknüpft ist, d.h. der Simulationsmechanismus wird einem Inferenzmechanismus gleichgesetzt. Durch diese Trennung von Wissen und Verarbeitung erhöht sich die Flexibilität bei der Modellierung, und es entstehen verbesserte und neue Analysemöglichkeiten für das dynamische Modellverhalten.

8.1.2 Strukturierung des Problemlösungswissens

Die Untersuchung verschiedener Arten von Wissen im Problemlösungsprozess (die sogenannt "epistemologische Analyse") und die Unterscheidung von verschiedenen Wissensebenen dient dazu, einen komplexen Bereich zu strukturieren und typische Merkmale und Zusammenhänge zu erkennen. Aufgrund dieser Analyse wird ersichtlich, welche Konstruktionen resp. semantischen Wissensprimitiva zur Darstellung von Wissen auf den verschiedenen Ebenen (Strategien, Aufgaben, Inferenzen) benötigt werden. Die Abstraktion der Wissensprimitiva ist unterschiedlich (auf der obersten Ebene der Strategien stehen die allgemeinsten Primitiva), die Primitiva sind jedoch nicht an einen bestimmten Problembereich gebunden. Nur die Ebene des bereichsspezifischen Wissens ist direkt mit der konkreten Problemstellung verknüpft, sie ist somit die einzige, die überarbeitet werden muss, wollte man in einem Modell anderes Datenmaterial verwenden (z.B. im Mitarbeiter-Organisations-Modell das Datenmaterial aus einer anderen Fallstudie).

8.1.3 Wissenserwerb und Wissensrepräsentation

Die objekt-orientierte Sichtweise erleichtert die Erfassung des Problembereichswissens (Abbildung von Realität auf ein abstraktes Modell), da sie der menschlichen Art von Problembeschreibung entgegenkommt. Diese Eigenschaft ist besonders relevant, wenn der Problembereich eine starke Verflechtung von technisch-ökonomischen und psycho-sozialen Faktoren aufweist - der betriebliche Organisationsbereich ist diesbezüglich ein typisches Beispiel -, denn viele Vorgänge sind stark automatisiert (z.B. Tätigkeiten und Handlungen, die Wissen voraussetzten), so dass sie oft von den Ausführenden selbst kaum noch analysiert werden können. Zudem ermöglicht die objekt-orientierte Darstellung, das Wissen im Modell und seine Vernetzung explizit zu machen und somit auch einem späteren Benutzer des Modells einsichtig zu präsentieren. So werden beispielsweise im Agenten-Umgebungs-Modell die semantischen Zusammenhänge unter Verwendung von speziellen Beziehungsobjekten wie Kausalität und Abweichung und verschiedenen explizit dargestellten Zeitrelationen "sichtbar" gemacht.

Das Problem der Wissensrepräsentation stellt sich im Agenten-Umgebungs-Modell auf zwei Ebenen, einerseits auf der Ebene von Agent und Umgebung und anderseits auf der Reflexionsebene des Agenten. Weil der Agent nur partielles Wissen und partielle Kontrolle über seine Umgebung hat, gibt es zu jedem Zeitpunkt eine Diskrepanz zwischen den Zuständen der modellierten Umgebung und den vom Agenten "modellierten" Zuständen. Für die Modellierung dieser zweiten Ebene, die interne Repräsentation des Agenten, wurde der Begriff "reflexive Modellierung" definiert.

8.1.4 Modellierung auf verschiedenen Abstraktionsstufen

Das Modellierungskonzept ist in seiner allgemeinsten Form nicht auf einen bestimmten Problembereich oder auf eine bestimmte Stufe von Abstraktion fixiert. Die Modellierung von Interaktionen auf einer ausschliesslich kognitiven Ebene, wie sie in diesem Buch beschrieben wurde, ist nur eine mögliche Ausprägung. Die Modellierung lässt sich willkürlich auf derjenigen Abstraktionsstufe ansetzen, auf der das Verhalten des Agenten, die Ereignisse in der Umgebung und die Interaktionen zwischen Agent und Umgebung für die Untersuchung von Interesse sind. Durch die Wahl der Stufe wird gleichzeitig suggeriert, welche Theorien zur Beschreibung der Interaktionen zwischen Agent und Umgebung herangezogen werden sollen.

Das Spektrum der Modellierungsstufen reicht von Problemlösungsprogrammen für senso-motorische Aufgaben über einfache, kognitive Aufgaben bis zu komplexen, kognitiven Aufgaben. Figur 8.1 zeigt exemplarisch drei Problembereiche auf verschiedenen Modellierungsstufen sowie die möglichen Interaktionen und die Theorien zur Beschreibung von Interaktionen.

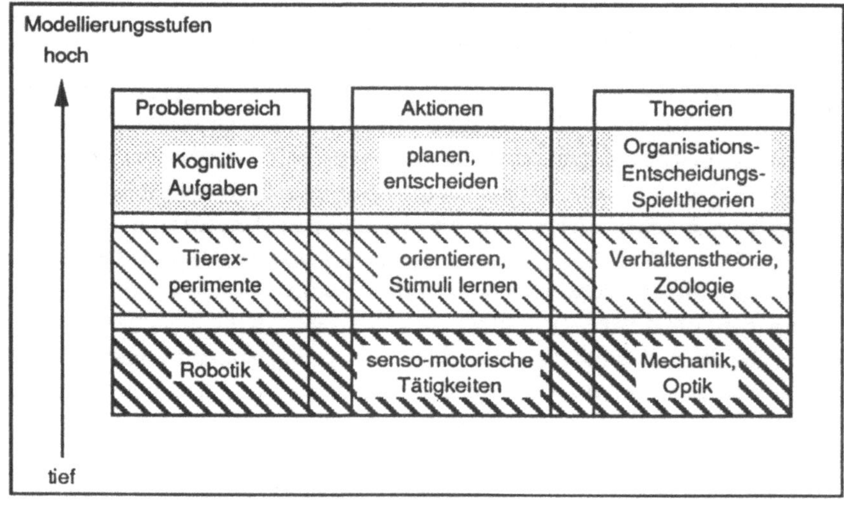

Figur 8.1: Verschiedene Modellierungsstufen

8.2 Aspekte der konkreten Anwendung

Der Organisationsbereich liefert interessante Problemstellungen, die - ohne damit die Relevanz anderer Ansätze tangieren zu wollen - einen formalen, auf dem hier vorgestellten Modellierungskonzept basierenden Lösungsansatz nahelegen. Führungskräfte setzen ihre Problemlösungs- und Entscheidungsfähigkeiten ein, um in komplexen und dynamisch sich verändernden, Unternehmung und Betrieb betreffenden Situationen zu agieren. Die Einführung neuer Technologien oder die Änderung der Arbeitsstruktur sind Beispiele von Problemsituationen, in denen die beteiligten Personen, Manager und Mitarbeiter, nicht nur aufgrund von verschiedenen, eventuell dynamisch vernetzten Situationsmerkmalen handeln, sondern sich von individuellen Ansichten und Bewertungen leiten lassen; auch das Verhalten von Mit-Akteuren wird in diesen Bewertungsrahmen einbezogen. Das Wissen um die Wechselwirkung zwischen Management- und Mitarbeiterverhalten kommt wiederum der Problemlösung und dem Treffen von Entscheidungen zugute.

Im Mitarbeiter-Organisations-Modell MOMo kommen die Konzepte des Agenten-Umgebungs-Modells konkret zur Anwendung. Mehrere Agenten (Manager und Mitarbeiter) werden in eine simulierte, betriebliche Organisationsumgebung eingebettet, um die Wechselwirkung von Manager- und Mitarbeiterverhalten unter ökonomischen und betrieblichen Bedingungen zu untersuchen. Handlungen von Managern (z.B.

entscheiden, kontrollieren) können in bezug auf ihre Auswirkungen beobachtet und auf dem Hintergrund von (hypothetisch) als handlungsleitend geltenden Annahmen und Wertungen analysiert werden.

8.2.1 Reflexive Modellierung

Eine wichtige Rolle spielen im Mitarbeiter-Organisations-Modell die Interaktionen zwischen Organisationsmitgliedern und Organisation. Zu diesen Interaktionen gehören einerseits die Verhaltensweisen von Agenten, welche die betriebliche Organisation sowie die anderen Mitglieder betreffen, anderseits die Vorgänge der organisatorischen Umgebung mit denen die Organisationsmitgliedern konfrontiert werden, die sie beeinflussen und die sie zu bestimmten Reaktionen auffordern. Das Verhalten der Agenten wird mit sogenannt Prototypischen Organisationsbildern gesteuert, das sind "relexiv" modellierte Objekte, welche die Vorgänge aus der Sicht der Agenten bewerten und entsprechende Verhaltentsweisen generieren.

Zweierlei wird damit erreicht: Erstens sind die Agenten handlungsfähig, d.h. sie können auf ihre Umgebung reagieren und in ihr agieren. Zweitens wird ein zusätzlicher psychologischer Faktor ins Modell eingebracht, indem das Verhalten von Agenten nicht nur aufgrund von objektiven Umgebungseinflüssen geschieht, sondern subjektive Prozesse diesem Verhalten vorangestellt sind.

Neben der üblichen Verarbeitung von externen Eingriffen findet im Modell auch eine Verarbeitung von Nicht-Eingriffen statt. Im Sinne eines symbolischen Austausches stellen Nicht-Eingriffe auf dem Hintergrund der "reflexiv" modellierten Prototypischen Organisationsbilder ein Interpretationsdatum dar.

8.2.1 Manager-Agent oder Man-in-the-Loop

Im Mitarbeiter-Organisations-Modell werden in bezug auf die Aktionen des Managers zwei Versionen unterstützt. In der ersten Version wird der Manager als Agent in das Modell eingebunden; seine Subjektiven Organisationstheorien befinden sich in der Wissensbasis des Manager-Agenten. Im Verlauf der Simulation kann beobachtet werden, wie sich die Subjektiven Organisationstheorien resp. ihre Manifestation, im modellierten Organisationsalltag bewähren.

In der zweiten Version steuert der Manager "von aussen" via das Modell-Objekt UP-Figur das Verhalten des Managers im Modell. Die UP-Figur, die mit den übrigen Agenten über die intern im Modell festgelegten Kommunikationspfade interagiert, erlaubt dem modellexternen Manager einerseits selbst in der Simulation mitzuspielen, anderseits jedoch den Simulationslauf jederzeit zu beeinflussen und in die gewünschte Richtung zu führen. Diese "Man-in-the-Loop"-Konstellation von Manager und UP-Figur eröffnet neue Analysemöglichkeiten und kann zu Trainingszwecken benutzt werden.

8.2.3 Plausibilität

Aus der Psychologie, insbesondere aus der Organisationspsychologie, stammen die Theorien, an denen sich die Beschreibung von Interaktionen zwischen Agent und Umgebung sowie von Aktionen und Reaktionen zwischen den Agenten, orientiert. Der Psychologie kommt auch die Aufgabe zu, die von der Cognitive Science entwickelten und hier eingesetzten Konstrukte (zur Formalisierung der Interaktionen) auf ihre Brauchbarkeit und Validität hin zu untersuchen.

Was die Plausibilität des Mitarbeiter-Organisations-Modells MOMo in seiner implementierten Version (vgl. Kapitel 6 und 7) betrifft, muss hier relativiert werden: MOMo kann nicht als psychologisch korrektes Modell betrachtet werden, das empirischen Testen standhält, denn der Modellinhalt basiert auf einer Fallstudie. Eine erste Abstraktion wurde also bereits vor der Beschreibung des abstrakten Modells vorgenommen, eine zweite Abstraktion erfolgte bei der formalen Beschreibung. In beiden Komponenten - im Organisationsmodell wie auch im Mitarbeitermodell - fehlen beispielsweise viele Details. Damit sind auch die den Agenten zugeschriebenen Eigenschaften und Eigenschaftswerte sowie die ihnen unterstellten Ziele und Motive relativiert. Die Prototypischen Organisationsbilder bieten ebenfalls (noch) nicht den Detaillierungsgrad und die psychologische Verankerung, als dass sie für experimentelle Untersuchungen herangezogen werden könnten oder konkrete Rückschlüsse auf reale Organisationssituationen zulassen würden.

8.3 Ausbau

Der Ausbau und die Erweiterung des Agenten-Umgebungs-Modells beinhaltet einen quantitativen und einen konzeptionellen Aspekt. Quantitative Erweiterungen beruhen implizit auf der Annahme, dass der Unterschied zwischen dem implementierten Modell und der Realität resp. des für die Problemstellung gewählten Realitätsausschnittes quantitativ überwunden oder zumindest hinreichend minimiert werden kann. Konzeptionelle Erweiterungen basieren auf der Einsicht, dass die Schwachstellen und Unzulänglichkeiten eines Modells nicht durch quantitative Massnahmen (z.B. Aufstockung von Modellelementen) eliminiert werden können, sondern neue Konstrukte auf konzeptioneller Ebene entwickelt werden müssen.

8.3.1 Quantitativer Ausbau

Quantitative Erweiterungen drängen sich trivialerweise bei der implementierten Version des Mitarbeiter-Organisations-Modells auf. Eine erste Erweiterung betrifft den Ausbau des ökonomisch-technischen Bereiches (das Organisationsmodell). Bei der Implementation wurden ausser dem Materialverbrauch, gewissen finanziellen Restriktionen und der Auslastung von Personen und Maschinen keine betrieblichen Grössen berücksichtigt. Die Idee ist hier, entweder ein existierendes, betriebliches oder ökonomisches Modell an MOMo anzuschliessen resp. die entsprechende Komponente mit einem fremden Modell zu ersetzen oder aber Teile eines solchen Modells an die bestehende Implementation anzupassen und damit den Realitätsbezug der jetzigen Modellversion zu erhöhen.

Zweitens ist eine quantitative Erweiterung auch bei den Interaktionen zwischen Agent und Umgebung wünschenswert. Erweitert (und verfeinert) man beispielsweise die Meldungen, die zwischen den Modellobjekten ausgetauscht werden, dann wird damit das Verhaltensmuster von Agenten, aber auch die Eingriffspalette eines externen Benutzers differenzierter und vielfältiger.

Gegenwärtig läuft das Mitarbeiter-Organisations-Modell auf einer LISP-Maschine vom Typ Explorer. Wollte man das Modell als ein mögliches Werkzeug zur Analyse von Subjektiven Organisationstheorien von Managern und eventuell zu Ausbildungszwecken vermehrt und auch standortunabhängig einsetzen, wäre ein Netzwerkverbund mit Personal Computers sinnvoll; das aktuelle Marktangebot wurde diesbezüglich noch nicht geprüft.

8.3.2 Konzeptioneller Ausbau

Konzeptionelle Überlegungen gelten der Modellierung von "intelligenten Agenten" und ihrem Verhalten sowie der Konstruktion von generell konzipierten Lernumgebungen, um das Verhalten von "intelligenten Agenten" zu testen und neue Konzepte zu entwickeln.

Lernfähige Agenten

Das Verhalten von Agenten soll nicht nur kontextabhängig, sondern auch adaptiv sein und sich an Situationen anpassen können. Bezogen auf den Organisationsbereich impliziert das die Verwendung von dynamisch adaptiven Prototypischen Organisationsbildern, um die Erfahrung, welche sich die Agenten während dem Modellverlauf aneignen, im Modell selbst wirksam werden zu lassen.

Die Modellierung von autonomen Agenten ist bereits zu einem eigenen Forschungsgebiet geworden (z.B. [Brooks 86], [Mitchell 88], [Toda 82]). Fragen nach den Merkmalen und Fähigkeiten eines solchen Agenten führen in den Bereich "Maschinen-Lernen" (Machine Learning). Bewegt sich nämlich ein Agent in einer komplexen Umgebung, dann stimmt das Modell, das er von seiner Umgebung besitzt und die Umgebung selbst, die nur partiell erfass- und kontrollierbar ist, in den meisten Fällen nicht überein. Diese Diskrepanz zwischen dem Modell der Umgebung und der Umgebung selbst liefert die Motivation zum Lernen. Insbesondere derjenige Bereich des Maschinen-Lernens, der das Lernen aufgrund von Analogien untersucht (Analogy Based Learning), ist für die Erstellung von Prototypischen Organisationsbildern von Bedeutung, da sich die Bilder ansatzweise am menschlichen Umgang mit Analogien orientieren. Individuen stellen oft Analogien her zwischen neuen und bereits erlebten Situationen und ziehen Analogieschlüsse, wenn beispielsweise der mögliche Ausgang einer Situation beurteilt werden muss.

Lernumgebungen

Wird die Umgebung zu einer generell konzipierten Lernumgebung ausgebaut, dann lassen sich beispielsweise die Aufgaben, die einem Agenten gestellt werden, oder die Probleme, die vom ihm gelöst werden sollten, variieren. Wiederum bezogen auf den organisatorischen Bereich können bei Manager-Agenten die Auswirkungen von Subjektiven Organisationstheorien unter verschiedenen organisatorischen Bedingungen (z.B. kooperative Mitarbeiter, gegenüber Innovation skeptische Mitarbeiter, etc.) untersucht werden.

Die Simulation kann in einer solchen Lernumgebung als spezielle Lernmethode verstanden werden, denn sie erlaubt eine experimentelle Evaluierung der Wissensbasis eines Agenten zum Zwecke ihrer Optimierung oder Erweiterung (z.B. Änderung der Umgebungsbedingungen und anschliessende Evaluation des Verhaltens).

Auch die Erstellung von Lernumgebungen ist eine Richtung, die verschiedene Forscher in der Künstlichen Intelligenz und in benachbarten Disziplinen beschäftigt [Carbonell & Hood 85], [Langley et al. 81]. Fragen, die sich in diesem Zusammenhang stellen, betreffen die Fähigkeiten, die von den Agenten gelernt werden sollen, die Kategorisierung von Lernbereichen und die Anforderungen an eine modellierte Lernumgebung.

Literatur

[Adorni et al. 88]
Adorni, G, Boero, M., Massone, L.: Knowledge-based Simulation: Some Issues and a Case Study. In: O`Shea, T., Sgurev, V. (Eds.): Artificial Intelligence. Elsevier North Holland, Amsterdam, 1988, p. 203-210

[Aikins 83]
Aikins, J.S.: Prototypical Knowledge for Expert Systems. Artificial Intelligence, 20, 1983, p. 163-210

[Aikins 84]
Aikins, J.S.: A Representation Scheme Using Both Frames and Rules. In: Buchanan, B.C., Shortliffe, E.H. (Eds.): Rule-based Expert Systems. Addison-Wesley, Reading (Mass.), 1984, p. 426-452

[Allen 83]
Allen, J.F.: Maintaining Knowledge about Temporal Intervals. Communications of the ACM, Vol. 26, No. 11, 1983, p. 832-843

[Anderson 83]
Anderson, J.R.: The Architecture of Cognition. Harvard University Press, Cambridge (Mass.), 1983

[Barr & Feigenbaum 81]
Barr, A., Feigenbaum, E.A.: The Handbook of Artificial Intelligence, Vol. 1. W.Kaufmann, Los Altos (Cal.), 1981

[Bauknecht et al. 76]
Bauknecht, K., Kohlas, J., Zehnder, C.A.: Simulationstechnik. Entwurf und Simulation von Systemen auf digitalen Rechenautomaten. Springer, Berlin, 1976

[Beenstock 83]
Beenstock, M.: Rational Expectations and the Effect of Exchange-Rate Intervention on the Exchange Rate. F.N. Journal of International Money and Finace, No. 2, 1983, p. 319-331

[Bobrow & Collins 75]
Bobrow, D.G., Collins, A. (Eds.): Representation and Understanding. Studies in Cognitive Science. Academic Press, New York, 1975

[Bobrow & Winograd 77]
Bobrow, D.G., Winograd, T.: An Overview of KRL: A Knowledge Representation Language. Cognitive Science, Vol. 1, No. 1, 1977, p. 3-46

[Brewka et al. 84]
Brewka, G., di Primio, F., Müller, B.S.: Materialien zu einigen Werkzeugen zur Erstellung von Expertensystemen: Wissensrepräsentation. Arbeitspapiere der Gesellschaft für Mathematik und Datenverarbeitung, Nr. 124, Birlinghoven, 1984

[Brooks 86]
Brooks, R.A.: Achieving Artificial Intelligence through Building Robots. MIT Artificial Intelligence Laboratory, AI Memo 899, May 1986

[Carbonell & Gill 78]
Carbonell, J.G., Gil, Y.: Learning by Experimentation. Proceedings of the 4th International Workshop on Machine Learning, Irvine, 1978. Morgan Kaufmann, Los Altos (Cal.), 1978

[Carbonell & Hood 85]
Carbonell, J.G., Hood, G.: The World Modelers Project: Objectives and Simulator Architecture. In: Proceedings of the 3rd International Machine Learning Workshop, Skytop (Pa.), 1985

[Clark 88 a]
Clark, A.: Being there (again): A Reply to Connah, Shiles & Wavish. Artificial Intelligence Review, 2, 1988, p. 146-150

[Clark 88 b]
Clark, A.: Two Kinds of Cognitive Science? In: Proceedings of the 8th European Conference on Artificial Intelligence, Munich, 1988, p. 155-157

[Connah et al. 88]
Connah, D., Shiels, M., Wavish, P.: Response Time. On being there: why simulated reality is better than the real thing. Artificial Intelligence Review, 2, 1988, p.143-146

[Dann 83]
Dann, H.D.: Subjektive Theorien: Irrweg oder Forschungsprogramm? Zwischenbilanz eines kognitiven Konstruktes. In: Montada, L., Reusser, K., Steiner, G. (Hrsg.): Kognition und Handeln. Klett-Cotta, Stuttgart, 1983, p. 77-92

[Dörner et al. 83]
Dörner, D., Kreuzig, H.W., Reither, F, Stäudel, T. (Hrgs.): Lohhausen. Vom Umgang mit Unbestimmtheit und Komplexität. Huber, Bern, 1983

[Elzas et al. 86]
Elzas, M.S., Ören, T.I., Zeigler, B.P. (Eds.): Modelling and Simulation in the Artificial Intelligence Era. Elsevier North-Holland, Amsterdam, 1986

[Elzas 86]
Elzas, M.S.: Relations between Artificial Intelligence Environments and Modelling and Simulation Support Systems. In: [Elzas et al. 86] p. 61-77

[Encyclopedia 87]
Shapiro, S.J. (Ed.): Encyclopedia of Artificial Intelligence. John Wiley & Sons, New York, 1987, p.120-123

[Faught et al. 80]
Faugth, W.S., Klahr, P., Martins, G.R.: An Artificial Approach To Large-Scale Simulation. Proceedings of the 1980 Summer Computer Simulation Conference, Seattle (Wash.), 1980, p. 231-235

[Feigenbaum 63]
Feigenbaum, E.A.: The Simulation of Learning Behaviour. In: Feigenbaum, E.A., Feldman, J. (Eds): Computers and Thoughts. Robert E. Krieger Publishing Company, Malabar (Fla.), 1963

[Feldman & Fitzgerald 85]
Feldman, P., Fitzgerald, G.: Represening Rules through Modelling Entity Behaviour. In Chen, P.P. (Ed.): ER Approach: The Use of ER Concepts in Knowledge Representation. Elsevier North-Holland, Amsterdam, 1985, p. 189-198

[Fikes & Kehler 85]
Fikes, R., Kehler, T.: The Role of Frame-based Representation in Reasoning. Communications of the ACM, Vol. 28, No. 9, 1985, p. 904-920

[Fox 83]
Fox, S.F.: The intelligent Management System. In: Sol, H.G. (Ed.): Processes and Tools for Decision Support. Elsevier North-Holland, Amsterdam, 1983, p.105-130

[Fox 85]
Fox, S.F.: Knowledge Representation for Decision Support. In: Methlie, L.B. & Sprague, R.H. (Eds.): Knowledge Representation for Decision Support. Elsevier North-Holland, Amsterdam, 1985, p. 3-27

[Frei 76]
> Frei, F.: Entwurf einer Handlungstheorie Projektiven Verhaltens. Unveröffent-
> lichte Lizentiatsarbeit, Zürich, 1976

[Frei 85]
> Frei, F.: Im Kopfe des Managers. Zur Untersuchung Subjektiver Organisations-
> theorien von betrieblichen Führungskräften - Eine Skizze. Bremer Beiträge zur
> Psychologie, Nr.44, 4 / 85, 1985

[Frei 87]
> Frei, F.: MaBel, "Manager Beliefs" als Realisierungsbedingung von HdA.
> Angebot für eine Vorphase. A & O consearch, Zürich, 1987

[Gebert & von Rosenstiel 81]
> Gebert, D., von Rosenstiel, L.: Organisationspsychologie. Standard Psychologie,
> Kohlhammer, Stuttgart, 1981

[Gill 86]
> Gill, K.S.: Artificial Intelligence for Society. John Wiley & Sons, Chichester,
> 1986

[Gioia 86]
> Gioia, D.A.: Symbols, Scripts and Sensemaking - Creating Meaning in the
> Organizational Experience. In: [Sims & Gioia 86], p. 49-74

[Gullahorn & Gullahorn 65]
> Gullahorn, J.T., Gullahorn, J.E.: Some Computer Applications in Social Science.
> American Sociological Review, 30, 1965, p. 353-365

[Hall & Kibler 85]
> Hall, R.P., Kibler, D.F.: Differing Methodological Perspectives in Artificial
> Intelligence Research. AI Magazine, Vol. 6, No. 3, 1985, p.166-178

[Harbodt 74]
> Harbodt, S.: Computersimulation in den Sozialwissenschaften 1 & 2. Rowohlt,
> Hamburg, 1974

[Harmon & King 85]
> Harmon, P., King, D.: Expert Systems: AI in Business. John Wiley & Sons,
> New York, 1985

[Hart 82]
> Hart, P.E.: Directions for Artificial Intelligence in the Eighties. SIGART
> Newsletter, 79, 1982, p. 11-26

[Hayes-Roth 85]

Hayes-Roth, F.: Rule-based Systems. Communications of the ACM, Vol. 28, No. 9, 1985, p. 921-932

[KEE 85]

KEE. User's Manual for Explorer Systems. KEE Software Level 2.1. Sperry Corporation, 1985

[Klahr & Waterman 86]

Klahr, P., Waterman, D.A: Expert Systems. Techniques, Tools and Applications. The Rand Corporation. Addison-Wesley, Reading (Mass.), 1986, p. 224-268

[Kobsa 86]

Kobsa, A.: AI und Kognitive Psychologie. In: [Retti 86] p. 99-124

[Kolodner 83]

Kolodner, J.L.: Reconstructive Memory: A Computer Model. Cognitive Science, Vol. 7, 1983, p. 281-328

[Kuhn & Spinas 80]

Kuhn, R., Spinas, P.: Fallstudie Standard Auto AG. Lehrstuhl für Arbeits- und Betriebspsychologie der Eidgenössischen Technischen Hochschule (Prof. Eberhard Ulich), Zürich, 1980

[Kulla 79]

Kulla, B.: Angewandte Systemwissenschaft. Systemtheoretische Denkweisen und kybernetische Kalküle in verschiedenen Wirklichkeitsbereichen unter besonderer Berücksichtigung ökonomischer Fragestellungen. Physica Verlag, Würzburg, 1979

[Kurt-Lewin Werkausgabe 82]

Kurt-Lewin Werkausgabe, Band 4: Feldtheorie. Graumann, C.-F. (Hrg.). Huber, Bern, Klett-Cotta, Stuttgart, 1982

[Langley et al. 81]

Langley, P., Nicholas, D., Klahr, D., Good, G.: A Simulated World for Modeling Learning and Development. In: Proceedings of the 3rd Annual Conference of the Cognitive Science Society, Berkeley (Cal.), 1981, p. 274-276

[Lindemann et al. 73]

Lindemann, P: IBM Unternehmensspiel Topic, Einführung. IBM Deutschland, Sindelfingen, 1973

[Minski 75]
Minski, M.: A Framework for Representing Knowledge. In: Winston, P. (Ed.): The Psychology of Computer Vision. McGraw-Hill, New York, 1975

[Mitchell 88]
Mitchell, T.M.: Machine Learning and Robot Manipulation. Lecture Documentation at the First European Summer School on Machine Learning, Les Arcs, 1988

[Nielsen 86]
Nielsen, N.R.: Knowledge based Simulation Programming. National Computer Conference AFIPS Conference Proceedings, Las Vegas, 1986, p. 125-134

[ORBYD 73]
ORBYD. Operation-Research-Methoden und Anwendungstechniken. IBM Deutschland, 1973

[Ortony et al. 88]
Ortony, A., Clore, G.L., Collins, A.: The Cognitive Structure of Emotions. Cambridge University Press, Cambridge, 1988.

[Petkoff 85]
Petkoff, B.: Artificial Intelligence and Computer Simulation of Scientific Discoveries. In: Bibel & Petkoff (Eds.): ECCAI 1985. Elsevier North-Holland, Amsterdam, 1985

[Rapoport 78]
Rapoport, A.: Simulation-Reality: A Feedback Loop. In: Rose, J. (Ed.): Current Topics in Cybernetics and Systems. Proceedings of the 4th International Congress of Cybernetics and Systems, Amsterdam, August 1978. Springer, Berlin, 1978, p. 7-8

[Reichgelt & van Harmelen 85]
Reichgelt, H., van Harmelen, F.: Relevant Criteria for Choosing an Inference Engine in Expert Systems. Proceedings of the 5th Technical Conference of the Britisch Society Specialist Group on Expert Systems, Warwick, 1985, p. 21-30

[Retti 84]
Retti, J.: Frame-basierte Wissensrepräsentation für Modellierung und Simulation. Bericht der Östereichischen Studiengesellschaft für Kybernetik, Wien,1984

[Retti 86]
Retti, J.: Artificial Intelligence: Eine Einführung. Teubner, Stuttgart, 1986

[Rich 83]
Rich, E.: Artificial Intelligence. McGraw-Hill, Singapore, 1983

[Rosch 75]
Rosch, E.: Cognitive Reference Points. Cognitive Psychology, No.8, 1976, p. 532-547

[Rosch et al. 76]
Rosch, E., Mervis, C. B., Gray, W.D., Johnson, D.M., Boyes-Braem, P.: Basic Objects in Natural Categories. Cognitive Psychology, No.8, 1976, p. 382-439

[Schank 80]
Schank, R.C.: Language and Memory. Cognitive Science, Vol. 4, 1980, p. 243-284

[Schank 82]
Schank, R.C.: Dynamic Memory: A Theory of Reminding and Learning in Computers and People. University Press, Cambridge (Mass.), 1982

[Schank & Abelson 77]
Schank, R.C., Abelson, R.P.: Scripts, Plans, Goals, and Understanding. Erlbaum, Hillsdale (N.J.), 1977

[Schank & Riesbeck 81]
Schank, R.C., Riesbeck, C.K.: Inside Computer Understanding. Erlbaum, Hillsdale (N.J.), 1981

[SimKit 86]
IntelliCorp: The SimKit System. Knowledge Based Simulation Tools in KEE. IntelliCorp, Mountain View (Cal.), 1985

[Sims & Gioia 86]
Sims, H.P., Gioia, D.A.: The Thinking Organization. Jossey-Bass, San Francisco (Cal.), 1986

[Smith 85]
Smith, E. E.: Cognitive Psychology. Artificial Intelligence, 25, 1985, p. 247-253

[Stonebraker 86]
Stonebraker, M.: A Database Perspective. In: Brodie, M.L., Mylopoulos, J., Schmidt, J. W. (Eds.): On Conceptual Modelling. Perspectives from Artificial Intelligence, Databases and Programming Languages. Springer, Berlin, 1984, p. 457-459

[Stoyan 87]

Stoyan, H.: Programmierstile in der KI. Unveröffentlichter Vortrag gehalten im
Rahmen der Brown Bag Veranstaltung an der Universität Zürich-Irchel, Zürich,
14. Mai 1987

[Stoyan 88]

Stoyan, H.: Programmiermethoden der Künstlichen Intelligenz. Springer, Berlin,
1988

[Toda 82]

Toda, M.: The Design of a Fungus Eater. In: Toda, M.: Man Robot and Society.
Martius, Nijhoff, Boston, 1982, p. 101-129

[Trappl 86]

Trappl, R. (Ed.): Impacts of Artificial Intelligence.Elsevier North-Holland,
Amsterdam, 1986

[Ulich 80]

Ulich, E.: Bericht über die arbeits- und sozialpsychologische Begleitforschung. In:
Bundesminister für Forschung und Technologie (Hrsg.): Gruppenarbeit in der
Motormontage - ein Vergleich von Arbeitsstrukturen. Schriftenreihe
Humanisierung des Arbeitslebens, Band 3. Campus, Frankfurt, 1980, p. 97-142

[Waterman 85]

Waterman, D.A.: A Guide to Expert Systems. Addison-Wesley, Reading (Mass.),
1985

[Wielinga 87]

Wielinga, B.: Knowledge Acquisition. Unveröffentlichter Vortrag gehalten im
Rahmen der Brown Bag Veranstaltung an der Universität Zürich-Irchel, Zürich,
11. Juni 1987

[Wildberger 88]

Wildberger, M. A.: AI and Simulation. Simulation, March 1988, p. 127

[Winston 84]

Winston, P: Artificial Intelligence. Addison-Wesley, 2nd Edition. Reading
(Mass.), 1984

[Winston & Horn 84]

Winston, P.H., Horn, P.K.: LISP. Addison-Wesley, 2nd Edition. Reading
(Mass.), 1984

Stichwortverzeichnis